小說家者流蓋出於稗官街談巷
語道聽塗說者之所造也孔子曰雖
小道必有可觀者焉致遠恐泥是
以君子弗為也然亦弗滅也

錄漢書藝文志 丁酉冬 傳峰

丛书主编　程国赋　副主编　江　曙

古代小说与饮食

杨骥　著

暨南大學出版社
JINAN UNIVERSITY PRESS

中国·广州

图书在版编目（CIP）数据

古代小说与饮食/杨骥著. —广州：暨南大学出版社，2018.6
（小说中国）
ISBN 978 - 7 - 5668 - 2376 - 2

Ⅰ.①古…　Ⅱ.①杨…　Ⅲ.①古典小说—小说研究—中国
②饮食—文化—中国—古代　Ⅳ.①I207.41②TS971.202

中国版本图书馆 CIP 数据核字（2018）第 093307 号

古代小说与饮食
GUDAI XIAOSHUO YU YINSHI
著　者：杨　骥

....

出 版 人：徐义雄
策划编辑：杜小陆
责任编辑：彭　睿　牛彩云
责任校对：刘雨婷
责任印制：汤慧君　周一丹

出版发行：暨南大学出版社（510630）
电　　话：总编室（8620）85221601
　　　　　营销部（8620）85225284　85228291　85228292（邮购）
传　　真：（8620）85221583（办公室）　85223774（营销部）
网　　址：http://www.jnupress.com
排　　版：广州良弓广告有限公司
印　　刷：佛山市浩文彩色印刷有限公司
开　　本：850mm×1168mm　1/32
印　　张：8.5
字　　数：180 千
版　　次：2018 年 6 月第 1 版
印　　次：2018 年 6 月第 1 次
定　　价：36.00 元

（暨大版图书如有印装质量问题，请与出版社总编室联系调换）

总　序

　　本丛书系统研究中国古代小说与中国文化的关系，是一种普及性文化读本，融学术性、知识性、趣味性和通俗性为一体。其主要针对的是具有高中及以上学历的国内读者和海外中华文化爱好者。

　　本丛书的作者，既有年富力强的中年学人，也有年方而立的勤勉后学。他们的著作或为国家哲学社会科学基金项目、教育部社会科学规划项目、省级社会科学规划项目的研究成果，或是各自的博士学位论文，都是作者致力数年的研究成果，反映了近年来的学术新视角和新观点。

　　本丛书尤其重视文献学、文艺学与中国古代小说的综合研究，强调文本细读，有意识地在文化学的视野中探讨中国古代小说，多维度地研究其与中国文化的关系。丛书内容较为丰富，主要有以下六方面：

　　第一，古代小说作品细读与赏析。梁冬丽教授的《古代小说与诗词》讲述了古代小说与诗词的密切关系。中国古代小说引入大量诗、词、曲、赋、偶句、俗语、谚语等韵文、韵语，其独特的"有诗为证"体系对小说创作的开展及其艺术效果的提升起到重要的作用。该书主要由五部分内容构成：古代小说引入诗词的过程、古代小说创作与诗词的运用、诗词在古代小说中的功用、古代小说运用诗词创作的经典案例和古代小说引入诗词对后世小说创作的影响。杨剑兵副教授的《古代小说与爱情》，将古代小说中的爱情故事分为四类，即平民男女类、才子佳人类、帝王后妃类、凡人仙鬼类，再从每类爱情故事中精选四篇代表作品进行评析。吴肖丹博士的《古代小说与女性》，探讨中国古代小说与女性之间的关系，主要通过古代小说中关于女性的生动故事，结合社会生活史，让读者了解两千多年来女性在社会中扮演的角色和社会地位的变化过程。杨骥博士的《古代小说与饮食》，以古代小说文化为纲，中国饮食文化为目，通过特定的饮食专题形式写作，为读者展现中国古代小说的文化内涵。该书以散文笔调为主，笔触闲适轻松，语言风趣，信息量大，兼具通俗性和学术性。

第二，古代小说与制度文化。胡海义副教授的《古代小说与科举》，探讨中国古代小说与科举文化的密切关系，从精彩有趣的小说中管窥科举文化的博大精深。该书既有士子苦读、应试、考官阅卷、举行庆贺等精彩纷呈的科举场景，也有从作者、题材、艺术与传播等方面分析科举文化对古代小说的促进作用的理论阐述。

第三，古代小说与民俗、地域文化。鬼神精怪与术数、法术是信仰民俗的重要组成部分，也是古代小说的重要母题，因此杨宗红教授的《古代小说与民俗》主要分为四部分：神怪篇、鬼魂篇、术数篇和法术篇。神怪篇介绍了五通神、猴精与猪精、狐狸精、银精，指出鬼神敬畏正直凡人；鬼魂篇介绍了灵魂附体、荒野遇鬼、地狱与离魂的故事；术数篇介绍了相术、签占、八字、扶乩、灾祥、谶纬、风水术，分析了这些术数对个人、家庭及国家大事的影响；法术篇重点介绍符咒、祈晴、祈雨、神行术与变形术。江曙博士的《古代小说与方言》，以方言小说为研究中心，论述方言与中国古代小说的关系。该书以方言对小说的影响、方言小说的编译和近代以来方言与普通话之间的论争等为论述重点，以北方方言、吴方言和粤方言为主要方言研究区域，兼涉闽方言、赣方言和湘方言，探讨诸如苏白对清代狭邪小说人物塑造的影响、以俞曲园将《三侠五义》改编为《七侠五义》为例论述从说唱本到文人小说的改编等。

第四，古代小说与宗教关系。受佛教、道教思想影响，中国古代小说中涌现出千姿百态的神仙形象，何亮副教授的《古代小说与神仙》以此为突破口，追溯神仙思想产生的文化根源，探讨了中国古代小说中神仙信仰的文化内涵。叶菁博士的《古代小说与道教》，从道教文化与小说的视角出发，探讨道教思想、人物、仙境及道教母题对中国古代小说的影响。该书内容丰富，笔调生动有趣，可作为研究道教文化与古代小说的入门读物。

第五，古代小说的域外传播。李奎副教授的《古代小说与东南亚》主要论述中国小说在越南、泰国、印度尼西亚等国的传播及其影响。中国古代小说在新加坡、马来西亚、泰国主要以报纸作为载体传播，传播主体是华侨华人。中国古代小说传入越南的时间较早，对越南的小说和诗歌发展影响较大。中国古典小说在印度尼西亚最受欢迎的当属《三国演义》，出现许多翻译本和改编本。

第六，古代小说与心理学综合研究。周彩虹博士的《古代小说与梦》以中国古代小说中的梦类故事或情节为研究对象，运用的理论和方法既有本国的梦理论，又引入荣格学派的相关理论，尝试以中西结合的视野对这一传统题材进行深入浅出、生动有趣的解读，如以生命哲思为主题，结合梦的预测功能，介绍中国古代的释梦观念和释梦方法，并对《庄子》《红楼梦》等作品中的相关情节进行分析；以教化之梦为主题，结合阴影理论，解析《搜神记》、"三言二拍"、《聊斋志异》等相关作品。

本丛书有别于一般的学术性著作，不是简单地将学术著作以通俗语言表达，而是运用新的思维方式和写作方法，是一种有益的尝试，希望也是一种有益的实践。恳请读者朋友批评指正，提出宝贵的意见和建议。

程国赋

2017 年 10 月 10 日

前　言

　　《古代小说与饮食》一书，笔者尝试以古代小说文化为纲，中国饮食文化为目，通过特定的饮食专题写作，为读者展现中国古代小说的饮食文化内涵。

　　本书在写作内容上，涉及古代小说的六大饮食门类，每种门类之下又分数个专题。具体而言，分为：①主食（米饭、粥、面饭）；②菜肴（六畜、鱼、河豚、螃蟹、素菜等）；③副食（饼食、馒头、包子、馍馍、馄饨和饺子）；④汤羹；⑤酒水（酒类、酒名、醉酒、劝酒、酒令）；⑥茗茶（疗效、茶食、茶俗、茶事）。

　　本书在写作形式上，以散文笔调为主，笔触闲适轻松，语言风趣，信息量大，兼具通俗性和学术性。在写作过程中，博采多种古代通俗小说、文言小说、笔记小说等野稗杂谈，又参照各类正史、类书、专书记载，力图做到兼顾小说虚构性和趣味性的同时，保证讨论对象的学术性与合理性。

目　录

引言："食不厌精"的老饕

　　行文开篇，先掉两句书袋。《汉书》中有一句大家都懂的名言叫"民以食为天"，这是放之四海而皆准的真理。同样可以视为真理的还有孔圣人的两次教导：一次是《论语》中所记"食不厌精，脍不厌细"；另一次见于《礼记·礼运》说的"饮食男女，人之大欲存焉"。这些话都已经说得俗烂，且全世界无人能反驳，何况当今世界各国人民饮食的要求可谓越来越高了，这倒也符合社会学理论中的马斯洛需求层次理论——首先填饱肚子，然后开始挑剔、讲究精致，饮食文化就这样慢慢地生成了。

　　而若论饮食文化，中国早已誉满天下，早就赢得异邦人士艳羡。英国人罗伯茨（Roberts, J. A. G.）在他的《东食西渐：西方人眼中的中国饮食文化》引用多琳·严黄枫（Doreen Yen Hung-feng）所著的《中餐烹饪之乐趣》中的一段话说：

　　在中国，饮食的乐趣被赋予了重要的意义。数千年来，不管是食品匮乏时期还是充足时期，烹饪一直为人们所津津乐道，如今更已超越日常的厨事，发展成为一门艺术，而食物俨然充当着诗歌、文学作品和民间传说等艺术形式的媒介。这些传说和饮食风俗因其愈来愈大的魅力而得以世代相传。人们全面分析每种食物的特性，从内在成分到色香味形，直至每一道菜的搭配都达到营养的均衡和形式的完美。

事实上，在泱泱中国，饮食之道并非到了"如今"才发展成型，而是早就成为一门艺术了。

中国的传统文化，从骨子里说，是平和而又世俗的。中原文化发祥于两河流域，属于内陆型文明，农耕型社会养成了自给自足不求扩张的特性。几千年来，中国从来没有侵略过谁，如同我们的领导人讲的，没有这个基因——不是因为没这个力量，历史上的中国曾经一度是世界最强大的国家——这就是"平和"的铁证。至于"世俗"，大概可以理解为我们不喜唱高调，比较讲究"实用主义"，注重自身的实际需求。如拜观音者，大抵是为了"求子"，未必谈得上有虔诚的佛教信仰。而讲究饮食的"食不厌精"，在我们眼中，首先恐怕并不是"为艺术而艺术"，而是为了满足"口腹之欲"。至于饮食发展成一门艺术，那是另一回事。

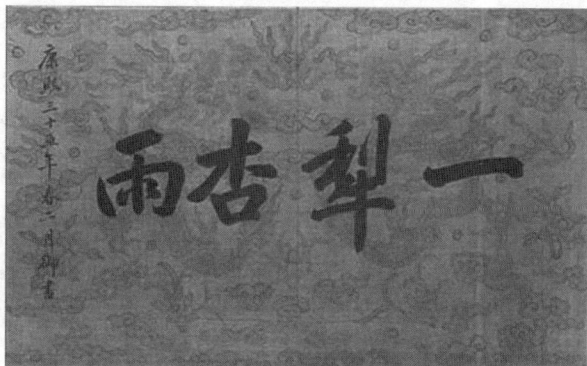

清·康熙《御制耕织图》题字"一犁杏雨"

中国的传统文化以儒家思想为根基，而儒家的两位祖师孔子和孟子都是美食的提倡者和践行者。孔子不仅明确"食不厌精"的纲领，还提出"脍不厌细""肉割不正不食"以及相关佐料等细则。孟子更具体开列他最喜欢的两种美食："鱼，我所欲也；熊掌，亦我所欲也。"有来头如此之大的美食先行者，中国人怎么可以不注重饮食尤其是美食呢！

然而，饮食文化艺术的产生和定型并非一蹴而就，亦不是暴发户式的快速积累。《典论》说"一世长者知居处，三世长者知服食"，意思是一代为官者只懂怎样建造舒适的居所，三代官宦之家才懂得在穿衣饮食方面精益求精。换言之，越是小细节方面，越能显出真本事，这也就是为何古代小说描写饮食最好的当属《红楼梦》。理由无他，正因为曹雪芹是"钟鸣鼎食""炊金馔玉"的江南曹氏家族第三代而已。不过,这倒也不是说曹公之前就没有身份更高的文人花心思把饮食的东西放到小说里写,只是饮食见闻多过曹氏之人,未必肯写、会写。比如说一些时代既久、行文复简的唐宋文言小说,多有谈到当时流行的豪门"烧尾宴",然而今人想如法炮制一桌都没法做到,哪里像现在能大体依着小说描述复制出的红楼家宴,且不论味道口感是否如原版,但至少是能真正做出来,想必"亦不远矣"。

以文谋食的文化人,大抵都对那些簪缨世胄们抱着"羡慕嫉妒恨"的复杂情感。司马迁写《史记》再客观,可说到汉武帝时难免挟有怨气。出身皇族的刘义庆纠集门下食客编写《世说新语》,描述的恰是中国历史上门阀观念最严重的时候,里面的人物无论美名臭名,若想让自己列名其上,首先得掂量身份是否够格。所以这一帮食客弄出来的书里,既要有"品藻""雅量",捧一捧高风亮节之士;也会"任诞""忿狷",在笔杆子上揶揄那些豪门巨室,解解心头嫉恨。比如说书里专收录"汰侈"的门类,望言生义,专讲富豪们怎么铺张浪费,饮食自然是很可以拿来显摆的一种。其中所举典型,如著名的王恺石崇斗富,一方拿麦芽糖和米饭来擦炊具,另一方就立刻以蜡烛当柴烧饭予以还击。不过这一对冤家实际上只停留在以食俗来炫富的表层,格调委实是不算高明的;反倒像王济低调炫富,用人奶养乳猪使其肉质肥美,令心有不甘的皇帝愤然拂衣而去,这高度其实才上升到"食之精贵",而不仅仅是停留在土豪摆阔的档次上了。

　　说到古人所吃的精贵饮食，可以"八珍"为代表。《三国志》说"饮食之肴，必有八珍之味"。杜甫《丽人行》写皇家气派，也说"黄门飞鞚不动尘，御厨络绎送八珍"。八珍历来被认为是最美味的八种食物，但是具体指哪些食物，却没个统一意见。有人说头两种当然是龙肝、凤髓，这个虽不假，但也只能靠做"黄粱美梦"去太虚幻境中求索，毫不现实。又有人将鲤鱼尾、烤猫头鹰肉也算在内，可这标准一下子也未免降得太低。稍微靠谱一点的，大约是熊掌、猩唇、天鹅炙、骆驼峰或蹄几种。但除了熊掌之外，其他几种大多也是纸上谈兵罢了。对于八珍不说靠谱的史料，哪怕在小说中也极少见有实质性的描写。明人谢肇淛笔记《五杂俎》就说：

　　龙肝凤髓，豹胎麟脯，世不可得，徒寓言耳。猩唇獾炙，象约驼峰，虽间有之，非常膳之品也。今之富家巨室，穷山之珍，竭水之错，南方之蛎房，北方之熊掌，东海之鲍炙，西域之马奶，真昔人所谓富有小四海者，一筵之费，竭中家之产，不能办也。此以明得意、示豪举则可矣，习以为常，不惟开子孙骄溢之门，亦恐折此生有限之福。

　　简言之，八珍有真有假，即使是真的，一般人也吃不起，还徒伤阴骘。至于小说中当然也不乏大而化之的描写。如唐代张鷟的传奇小说《游仙窟》中所写：

少时，饮食俱到，薰香满室，赤白兼前。穷海陆之珍羞，备川原之果菜。肉则龙肝凤髓，酒则玉醴琼浆。城南雀噪之禾，江上蝉鸣之稻。鸡臕雉膘，鳖醢鹑羹，椹下肥肫，荷间细鲤。鹅子鸭卵，照曜于银盘；麟脯豹胎，纷纶于玉叠。熊腥纯白，蟹浆纯黄。鲜脍共红缕争辉，冷肝与青丝乱色。蒲桃甘蔗，樱枣石榴，河东紫盐，岭南丹橘。敦煌八子柰，青门五色瓜。太谷张公之梨，房陵朱仲之李。东王公之仙桂，西王母之神桃。南燕牛乳之椒，北赵鸡心之枣。千名万种，不可俱论。

描述得很富有玄幻美感吧？可是仔细一看就知道，抄书而已，其中大半食物估计作者自己都没见过；而像"龙肝凤髓""麟脯""东王公之仙桂，西王母之神桃"之类，何处可寻？

南唐·顾闳中《韩熙载夜宴图》

如此,我们且挑一些稍微靠谱的八珍品种来说。如"猩唇",平心而论,此物固是稀见,但究竟是何物却还是没有很圆满的解释。如顾名思义,应该是猩猩的嘴唇,《吕氏春秋》里也说是"猩猩之唇",但也有人认为这东西实际上就是麋鹿头做的腊肉。而在小说描写里,猩唇更像是传说之物,多半是和龙肝凤髓这些毫无依据的珍馐同时出现,味道如何更不好判断。不过,不管是猩猩嘴唇还是鹿头腊肉,终究还是现实所有之物,不像龙肝凤髓之类玄虚。清代名士纪晓岚是见多识广之人,但他在《阅微草堂笔记》里提到自己好不容易得人赠猩唇二枚,"耀以锦函,似甚珍重,乃自额至颏,全剥而腊之,口鼻眉目,一一宛然,如戏场面具,不仅两唇。庖人不能治,转赠他友,其庖人亦未识,又别赠人。不知转落谁氏,迄未晓其烹饪法也"。珍贵的食材居然辗转多个厨师手里都没法处理,就好像一个上古出土文物走了多个博物馆却没法鉴定真伪。据此描述,食材来源和烹饪方法都未知的猩唇也算得上是饮食史的一个谜团。

至于熊掌,自然不很稀奇,但也不是人人轻易可得之物。《红楼梦》里乌进孝进贡,单子里就有"熊掌二十对",然而除此之外,全书并未有更多关于熊掌的信息,更未出现在贵妇小姐们的餐桌上。若做一猜测,大概在于曹公觉得熊掌滋味其实并不佳,因此很恰当地只予此物"有名无实"的记录而已。足迹走遍大江南北的清人钱泳在其笔记《履园丛话》中说:"熊掌之味,尚亚于今之南腿,不过存其名而已。惟鱼之一物,美不胜收。"

他觉得熊掌味道还不如火腿中的南腿。梁实秋先生在他的散文《由熊掌说起》谈吃熊掌的体会："熊掌吃在嘴里，像是一块肥肉，像是'寿司'，又像是鱼唇，又软又黏又烂又腻。高汤煨炖，味自不恶，但在触觉方面并不感觉愉快，不但不愉快，而且好像难以下咽。"末了补充："如果我有选择的自由，我宁舍熊掌而取鱼。"两位都与孟夫子的名言抬杠。熊掌的烹调也似乎不是很容易，清人王士祯在他的《香祖笔记》里就说"熊掌最难熟"。饮食典籍《食宪鸿秘》记载烹制熊掌之法云："带毛者，挖地作坑，入石灰及半，放掌于内，上加石灰，凉水浇之。候发过，停冷，取起，则毛易去，根即出。洗浸，米泔浸一、二日。用猪油包煮，复去油。撕条，猪肉同炖。"处理和烹饪过程如此繁复细致，到头来厚实的熊掌自然炖熬得熟烂。那么味道如何？也只好见仁见智了。

八珍之类与普通百姓没有多大关系，但无论何人，总会在自己力所能及的范围内追求美食，这一点是没有疑问的。而在古代，美食与政治也是有莫大关系的。比如先秦时楚国的一次政变，就直接以饮食为导火线：楚王烹甲鱼赏赐百官，却偏偏恶作剧，不给一位王族成员吃，结果那位干咽口水的家伙心中无名火起三千丈，造反了！

《史记》中首次出现了"食客"群体，主要聚集在战国四公子门下。既然是"食客"，那么这些人投奔主子的首要目的肯定是寻求食物——这是不必唱高调的，哪怕你有什么雄心壮志，总得填饱肚子再考虑报效主公吧。其中孟尝君手下的冯谖，还曾因为菜盘里没鱼而唱歌抗议，不仅仅要求有得吃，还要吃得好。这也足可说明"吃"在食客们心目中的地位了。先秦时代的食客有时还有点用处，如孟尝君在危难关头，得了"鸡鸣狗盗"的食客襄助，逃出生天；赵国的平原君临危受命，能在食客中挑选出"敢死之士三千人"，其中更有"脱颖而出"者帮助他谈判成功；秦相吕不韦的食客，帮主人捣鼓出著名的《吕氏春秋》，甚而吕氏得意扬扬昭告天下，能给这本书删改一字者赏赐千两黄金；南朝刘义庆的食客也为他创作了著名的《世说新语》，让一字没写的刘王爷成了唯一署名的主编而扬名万世。不过，食客的素质到后世每况愈下，到后来大抵就像《金瓶梅》里的应伯爵之流，只剩下帮闲打诨埋头猛吃这一手了。

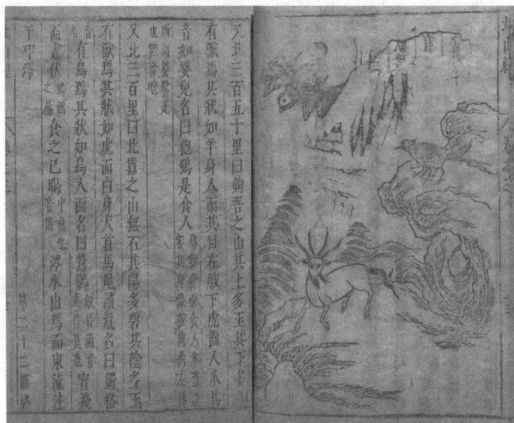

《山海经》书影，羊身人面的"狍鸮"（páo xiāo），就是后世饕餮的原型

还有一个称为"老饕（tāo）"的词汇，也与饮食关系巨大。"老饕"一名，来源于"饕餮"，这是一种传说中极为贪吃的异兽。大名传宇宙的苏东坡先生，除了文才盖世之外，也以嗜吃著称，"东坡肉""东坡羹"之类名菜以及宣称为吃河豚"值得一死"的佳话，就证明了这一点。他还写了一篇《老饕赋》，宣布自己就是个贪吃的"老饕"，希望能够"聚物之夭美，以养吾之老饕"。于是，代表着贪吃而又善吃的"老饕"便产生了。不过，有志于投身饮食事业的读者们先勿急着自我定调，因为并非人人都有资格称"老饕"的，哪怕你确实贪吃。首先是年龄问题。老饕必为"老"，这注定了当美食家不能太年轻，少年不识"食"滋味，倘若你吃过的米还没人家吃过的盐多，又何来资格和底气去代表大众评判饮食之优劣呢？"老饕"必须得"老"，由此带来的好处之一就是，我们看到越来越多的绝妙美食文字，多产生在有了岁月砥砺的文人笔下，文字借着食物，食物又反哺文字，共同发酵，活色生香起来。比如梁实秋先生的《雅舍谈吃》，就得是晚年的作品，而非产生于血气方刚之时。又如《聊斋志异》中的一篇小小说《老饕》，写的是一个身手敏捷的白发老翁，躺卧在马上就把旁人射来的弓箭用两个脚趾给夹住了，老翁虽自称"老饕"，但在嗜吃方面无多建树，主要还在于武艺高强——总之，你首先得年纪够得上"老"，然后才有资格做"饕"。其次，"老饕"们只是贪吃、善吃，并不意味着他们所享受的食物都是天下珍馐。恰恰相反，只有在大众食物中吃出风格、吃出韵味，即使一碟花生米、几块酿豆腐，都能品出其中滋味而自有心得者，那才能算得真正的"老饕"。即如"老饕"的发明者东坡先生，在《老饕赋》中举出的美食例证，也不过是"尝项上之一脔，嚼霜前之两螯"，说白了不过是猪颈肉和螃蟹而已。猪颈肉是真正肥得流油的肉食，放在今天根本就乏人问津；螃蟹固然在今天也是美食，但在东坡先生的时代，并没有什么高身价，乃是再普通不过的食材而已。

清·孔继尧《吴郡名贤图传赞》

以小说角色来看，个中人物也不乏善吃者，别出心裁的食法亦不在少。唐人小说中有吃鹅掌的故事，制作方法十分残忍：将鹅放在烤红的铁板上，鹅自然惨叫飞奔，脚掌被烫透，这时又将鹅丢入水池中，让那"热胀"的鹅掌突然"冷缩"。如此反复数次，于是鹅掌变得又宽大又肥厚，这时才砍下来烹制上桌。还有清末小说写跋扈将军年羹尧活吃猴脑，更是残忍：将活猴子绑在酒席前，吃时用锤子在猴头上砸一个大洞，然后用勺子舀出猴脑，涮火锅吃。像这样的食材是够新够奇了，然而这样的食者配称"老饕"么？不能。他们只是暴殄天物的残酷刽子手而已。倘若依个人愚见，倒是《儒林外史》里那位名叫马二先生的腐儒，让人觉得是真正的"老饕"。书中写马二先生快意大嚼的情节颇多，尤其是他孤身游西湖一节。首先是：

望着湖沿上接连着几个酒店，挂着透肥的羊肉，柜台上盘子里盛着滚热的蹄子、海参、糟鸭、鲜鱼，锅里煮着馄饨，蒸笼上蒸着极大的馒头。马二先生没有钱买了吃，喉咙里咽唾沫，只得走进一个面店，十六个钱吃了一碗面。肚里不饱，又走到间壁一个茶室吃了一碗茶，买了两个钱处片嚼嚼，倒觉得有些滋味。

买不起大鱼大肉的马二，口水都在打转了，但也只是吃面、喝茶、嚼笋干。接着来到下一处场景的马二：

照旧在茶桌子上坐下。傍边有个花园，卖茶的人说是布政司房里的人在此请客，不好进去。那厨旁却在外面，那热汤汤的燕窝、海参，一碗碗在跟前捧过去，马二先生又羡慕了一番。

游来荡去对着各种美食"羡慕"的马二，终于又饿了：

前前后后跑了一交，又出来坐在那茶亭内——上面一个横匾，金书"南屏"两字——吃了一碗茶。柜上摆着许多碟子，橘饼、芝麻糖、粽子、烧饼、处片、黑枣、煮栗子。马二先生每样买了几个钱的，不论好歹，吃了一饱。

末尾碰上一个乡民，"捧着许多烫面薄饼来卖，又有一篮子煮熟的牛肉，马二先生大喜，买了几十文饼和牛肉，就在茶桌子上尽兴一吃"，终于饱餐了一顿。单看这回文字描述马二的吃，少说也有七八回，缘何如此？囊中羞涩而已。然而他总在自己允许的能力之内，力争将饮食收益最大化，真可谓是"君子爱吃，取之有道"了。小说第十三回还写蘧公孙招待马二吃饭，用餐前，马二从时文制艺到圣贤之道进行了一番高谈阔论，及饭菜上来，是四种菜肴：

马二先生食量颇高，举起箸来向公孙道："你我知己相逢，不做客套，这鱼且不必动，倒是肉好。"当下吃了四碗饭，将一大碗烂肉吃得干干净净，里面听见，又添出一碗来，连汤都吃完了。抬开桌子，啜茗清谈。

对任何食物都兴致勃勃食指大动，但总能控制在"非礼勿动"的范围内；吃任何食物都感到万分美妙，但也同样"有所为有所不为"——这才是"老饕"。拿这个标准去衡量，连古代小说第一号"酒囊饭袋"猪八戒都不怎么够格：他是一切食物来者不拒一扫而空，而且只要有机会就连吃带拿的，完全不理睬什么"非礼勿动"的原则；而他在面对南山大王众小妖说的那句著名台词也堪称最好的注脚："不要拉扯，待我一家家吃将来。"

到了今天，"老饕"又变为"吃货"了。"吃货"这个词的产生大概不过十来年的历史，是略带调侃地形容嗜吃又会吃之人。吃货们对食物的热衷是发自内心的，对于饮食之道有着朝圣者般的虔诚，这是吃货的真诚之处。和老饕们相比，吃货可能专业程度略为不及，但论起吃的数量和群众基础，或许却又过之。网络上有个自嘲的老笑话是这样说的："特别能吃苦——我想了想，只能做到前四个字了。"这个形容，也许可以作为吃货们对自己的定位：好吃，也未必懒做；或者说，吃货们的不懒做，最终目的是为了更好地吃。

要谈古代饮食，离不开古代小说，因为再也找不到其他能像古代小说这样生动再现"饮食男女"现实生活的古代文献了。笔者自撰一首歪诗作结：

美食佳肴何处寻？

《红楼》《金瓶》又《儒林》。

任你千年修炼客，

到此也将口水吞。

闲话且住，请看下文。

清康熙刊本《西游真诠》插图“猪八戒悟能”

一、主食篇

　　饭作为中国人民饮食体系里第一位的食物，重要性不言而喻。早在春秋时期，孔夫子就说过："饭疏食饮水，曲肱而枕之，乐亦在其中矣。"这番话的含义很简单——吃饭清淡，喝足水，枕着手臂睡觉，也是简单快乐的生活。孔圣人提倡君子的生活方式，不忘把吃饭摆在第一位，这种观念，着实影响到中国人对"饭"的重要看法。

　　从字义溯源的角度看，"饭"的本义大概是指"吃"。《说文·食部》云："饭，食也。"段玉裁注："食之者，谓食之也。"解释得不算高明，几乎是定义循环，可能他也觉得吃就是吃，实在无须多言，然而意思也是明白的："饭"就是"吃"。孔夫子所说的"饭疏食饮水"，这里"饭"显然就是"吃"的意思，"疏食"是"饭"的对象。

　　就广义的饭而言，又约略等同于"餐"的意义，指的是一次完整的进食行为。饭是最基本的支撑人体机能的主食，深受中国饮食文化影响的东南亚各国也莫不如此。比如日本人由此添加出自己一套吃饭规矩，动箸前必对着饭念叨一句"我要开动了"，据说这是因为他们信奉"万物皆灵"的神道教与自家的"谢罪"文化交融所致，认为每餐饭都是米粒君、鱼女士和牛先生牺牲掉自己性命，延续了人类生命，所以在吃掉食物之前，来上一句感谢的话，表示不忘恩情。相比之下，我国境内亦有类似风俗，某些地方老辈人家，杀鸡宰鱼之际，口中总要喃喃默念"小鸡小鱼你莫怪，你本是我家一道菜"之类语句，这才像极中国人的观念——虽杀生积了罪愆，但美食当前，顾不上许多，只好帮尔等口头超度。《史记》记载韩信用千金谢漂母的一饭之恩，算是给后世树了个典范，后世文学作品里各种开花结果，演绎出许多动人传说。至于古代小说亦然，《聊斋志异·雷曹》写一姓乐的生意人旅途中宿于饭店，见邻座一人身材高削，筋骨隆起，面色暗淡。仔细一问，他说自己是受天谴的戴罪之身，三年没吃过饱饭。乐生怜悯他，招待几人份的饭菜供其一饱。其人感恩戴德，说乐生将有大难，随行上路，果然遇到翻船，遂将乐生救出。末了，告知自己是掌管行雨的天官雷曹，也就是雷公。另一篇《丐仙》，同样写个神仙乞丐，受了富人吃喝上的恩惠，显出神通，告诉富人免于早死的方法。总之，即便是神仙少一餐饭，虽然未必饿死，但显然背后的意义很重大——神仙尚且懂报一饭之恩，何况人乎？

（一）没法不谈的米饭

米，是我国自古迄今最重要的粮食。古人将最基本的五种粮食称为"五谷"。汉代赵岐注《孟子》云："五谷谓稻、黍、稷、麦、菽也。"王逸注《楚辞》则说是指稻、稷、麦、豆、麻。不管怎样，稻谷总是排在第一位的。米虽然不止稻米一种，但米饭的主流绝对就是稻米饭。后世称稻米为"大米"，也许是就其身居"米中老大"地位这一点而名的；而称之为"白米饭"，则仅仅是就其颜色而言。五谷中的黍和稷，即今天的黄米和小米，也是做米饭的原料。《论语·微子》记载子路遇到一个隐士，虽然那隐士对子路的老师孔子颇有微词，但对子路还不错，"杀鸡为黍而食之"，煮的就是黄米饭配鸡肉。

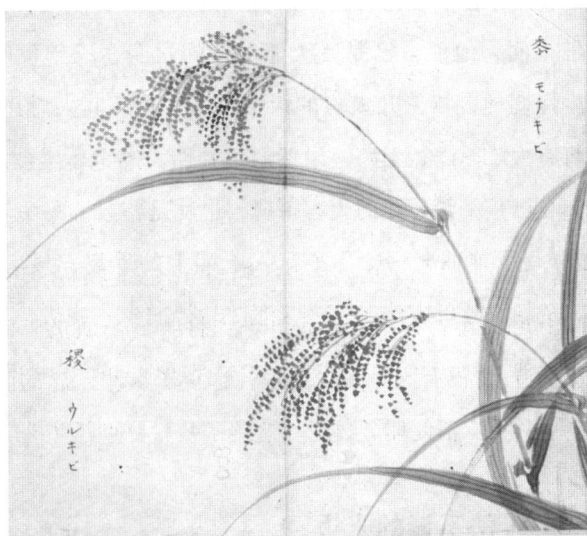

日·细井徇、细井东阳绘《诗经名物图解》，"黍"与"稷"

米饭这东西，虽不能说是以中国为代表的亚洲文明独有的，但要说是被我们发扬光大也不为过。异邦各国中，印度有咖喱饭，西班牙有海鲜饭，意大利有烩饭等，可论起影响力，大概总撇不开中国。如节约的传统，中国长辈哄小孩子时常说，碗中的饭要吃干净，否则剩多少饭粒，以后脸上就要长多少麻子——爱美的少男少女听来，难免会有几分将信将疑，往往"姑妄听之"，也就照做了。《西游记》第八十一回里，唐僧路经镇海禅林寺时生病三天，孙悟空说这是因唐僧的前世金蝉子"左脚下躧（xǐ）了一粒米下界来"，糟蹋了粮食，因此今世生病受罚，这也算得上是中国人重视米粒饭食，从吃饭行为挖掘出的文化内涵。

在古代小说中，白米饭似乎常被当作"好待遇"的象征。《野叟曝言》第一三七回，达赖喇嘛私买了一个回妇，带来一个拖油瓶儿子，"达赖看他相貌好，一直密室中关着，养了七八年，从不见过天日，经过风雪。每日两餐专以羊肉白米饭饲之，养得肥头胖耳，面色白腻，睛黑唇红，约略有十六七岁"。《歧路灯》第十八回主角几人去看戏，向戏班班主打听一个演员有没有戏份，掌班说道："没有。不瞒少爷说，这孩子太小，念的脚本不多。一连唱两本，怕使坏了喉咙。这孩子每日吃两顿大米饭，咸的不敢叫他吃一点儿，酒儿一点不敢叫见的。"每天就吃两顿大米饭，想来菜应该也有一些，这样似乎已算是上佳待遇。

不过，这类白米饭只能算是庸常可见，要往高级的话还有粳米饭。此物早在唐宋时就被诗人们夸得口头流涎了。李颀说"荷叶裹江鱼，白瓯贮香粳"，有鱼有米，当然就是鱼米之乡。杜审言云"玉泉移酒味，石髓换粳香"，欧阳修云"饭以玉粒粳，调之甘露浆"，梅尧臣云"香粳炊正滑，白酒美少力"，无不表示能喝上酒和吃上粳米饭就满足了的意思。范纯仁甚至说"饭粳吹玉粒，尝蟹擘金螯"——古人喜欢边啃蟹钳子边饮酒，但实在没想到换成粳米饭也可以。

《红楼梦》中，贾府世代簪缨之家，伙食上乘自不待言，仅是米饭也分等级，粳米饭提到的次数也不少。第七十五回写贾母与众女眷闲聊，准备吃饭时：

贾母笑道："看着多多的人吃饭，最有趣的。"又指银蝶道："这孩子也好，也来同你主子一块来吃，等你们离了我，再立规矩去。"尤氏道："快过来，不必装假。"贾母负手看着取乐。因见伺候添饭的人手内捧着一碗下人的米饭，尤氏吃的仍是白粳米饭，贾母问道："你怎么昏了，盛这个饭来给你奶奶。"那人道："老太太的饭吃完了。今日添了一位姑娘，所以短了些。"

由此可见，贾母、尤氏和下人，吃的固然都是白米饭，但各有高下之分。贾母和尤氏的饭或许还可互相通融一二，但下人用的绝无可能让主子们入口。又第六十二回写宝玉吃饭：

只见柳家的果遣了人送了一个盒子来。小燕接着揭开，里面是一碗虾丸鸡皮汤，又是一碗酒酿清蒸鸭子，一碟腌的胭脂鹅脯，还有一碟四个奶油松瓤卷酥，并一大碗热腾腾碧荧荧蒸的绿畦香稻粳米饭。小燕放在案上，走去拿了小菜并碗箸过来，拨了一碗饭。芳官便说："油腻腻的，谁吃这些东西。"只将汤泡饭吃了一碗，拣了两块腌鹅就不吃了。

这里的"香稻粳米饭"居然是"碧荧荧的"，既是供宝玉所吃，想必味道不错。装腔作势的戏子芳官对那几盘精美的佳肴缺乏兴趣，但她估计知道这绿色大米饭价值不菲，自然不肯放过。另外，《红楼梦》里还出现一种高级有色米饭"玉田胭脂米"，既名"胭脂"，想必是温润如玉的红色，文学家端木蕻良先生曾撰文专门考证，推论大概是云南产的紫米（脂米）或红稻米。

从现代营养学角度而言，成年人每天需 2 000 卡路里热量维持身体机能运作，如换算成国人所熟悉的粒食，需要精米 562 克或糙米 570 克。当然，倘若空口吃白饭，不仅毫无滋味，也缺乏身体必需的蛋白质、维生素和其他微量元素，所以还得有"佐餐"，也就是下饭菜，而且这"下饭"还主要指肉食，否则，白菜萝卜之流只能叫"菜蔬"。《水浒传》第三回写还没做和尚的鲁达去酒店喝酒，酒保"一面铺下菜蔬果品案酒，又问道：'官人，吃甚下饭？'鲁达道：'问甚么！但有，只顾卖来，一发算钱还你。这厮只顾来聒噪！'酒保下去，随即荡酒上来，但是下口肉食，只顾将来，摆一桌子"。宋代笔记《过庭录》记有一则故事，某人极讲究饮食，吃饭时犯选择障碍症，"罗列珍品甚盛"，却不知选何下饭，踌躇间友人来访，遍视后告之："唯饥可下饭耳！"这虽是隽语，却也指出个亘古未变的道理来，就是肚子饿了吃嘛嘛香。当然，从这里还可推测"下饭"主要指肉类，菜蔬还不足以列入"珍品"。

《金瓶梅》中也有许多"下饭"，又可称为"嗄饭"的描写。如第三十四回写"第二道又是四碗嗄饭：一瓯儿滤蒸的烧鸭、一瓯儿水晶膀蹄、一瓯儿白煠猪肉、一瓯儿炮炒的腰子。落后才是里外青花白地磁盘，盛着一盘红馥馥柳蒸的糟鲥鱼，馨香美味，入口而化，骨刺皆香"。四种"嗄饭"都是肉食了，却还不包括那一盘糟鲥鱼，所以这个"嗄饭"恐怕仅指款式相对简单的菜肴，而后边这道鱼想是被归入"主菜"里头的。"嗄饭"一词还曾引起大作家张爱玲的关注，专门写一篇文章来探讨。然而她又说仅"苏北安徽至今还保留了下饭这形容词"，这当然是对"下饭"广泛性的严重低估。

明万历刻本《新编绣像邯郸记》
第二十七折《生寤》

　　除了白米饭外，其他种类米饭的描写亦不少见。譬如黄粱米，原典出自唐传奇小说《枕中记》的著名典故"黄粱一梦"，后来又被改编成许多相似题材的小说戏曲，比如著名曲家汤显祖的"临川四梦"之一《邯郸记》等，也使得"黄粱美梦"这一成语为人熟知。《西游记》第五十九回写到唐僧师徒经火焰山，被火焰阻着无法前进，土地公"带着一个雕嘴鱼腮鬼，鬼头上顶着一个铜盆，盆内有些蒸饼糕糜、黄粮米饭"前来拜见，这"黄粮米饭"应该就是"黄粱米饭"，也就是小米饭。《水浒传》第二十八回，武松大闹孟州城被打入死牢后，囚犯告诉他等到狱卒"他到晚把两碗干黄仓米饭，和些臭鲞鱼来与你吃了"后，就来个塞七窍的"盆吊"之法结果性命——这个"黄仓米饭"就未知与黄粱米饭有无关系了，想来既然和臭鲞鱼一起拿来招待死囚，恐怕口感不会太好。

米饭以纯白米煮成者为主流，然而古人也并不拒绝偶尔来点改革，在白米中混入其他配料烹制。以两广为例，唐人笔记《北户录》里说岭南人吃"团油饭"，用的是鸡鹅、鱼虾、猪羊肉，加上蕉子、姜桂、盐豉混入饭中而成。清代李调元《南越笔记》说："东莞以香粳杂鱼肉诸味，包荷叶蒸之，表里香透，名曰荷包饭。"荷包饭如今亦名"荷叶饭"，可见其在两广街头巷尾由来已久。

清代小说戏曲大家李渔则另有香米饭之专利。他写了《闲情偶寄》专门记录饮食心得，提到了花露浇饭的方法："俟饭之初熟而浇之，浇过稍闭，拌匀而后入碗。食者归功于谷米，诧为异种而讯之，不知其为寻常五谷也。"——用蔷薇、香橼、桂花做成的花露，于饭初熟之际浇入锅边，则米香之外更有花香，可谓是吃米饭的高境界。

至于粽子，本质上仍属米饭之列，只是特别使用糯米，且采用较特殊的方法制成较特殊的样式，又或同时加入各种馅心。《南越笔记》说广东人"端午为粽，以冬叶裹者曰灰粽、肉粽，置苏木条其中为红心。以竹叶裹者曰竹筒粽，三角者曰角子粽。水浸数月，剥而煎食，甚香"。"水浸数月"这道工序听着略微夸张，现在是没有的，可能当时是为保鲜而这样做。

读者们都知道粽子的起源可能跟屈原有点关系，后世小说描写粽子也忘不了这点。《红楼梦》第三十一回写晴雯正哭着，林黛玉进来后笑说："大节下怎么好好的哭起来？难道是为争粽子吃争恼了不成？"大节当然就是指端午节了。《西游记》第六十九回写朱紫国王因为吃粽子落下了病根："三年前，正值端阳之节，朕与嫔后都在御花园海榴亭下解粽插艾，饮菖蒲雄黄酒，看斗龙舟。忽然一阵风至，半空中现出一个妖精……寡人为此着了惊恐，把那粽子凝滞在内，况又昼夜忧思不息，所以成此苦疾三年。"堂堂一国之君，老婆被妖怪掳走，连吃粽子也噎着，也是怪憋屈的了。

《年节习俗考全图》所绘"端阳竞渡"

（二）食疗第一粥

粥算不算"饭"？应该算。众所周知，粥亦名"稀饭"。《红楼梦》第四十三回贾母尝过凤姐命人送来的野鸡崽子汤后，觉得还不错，对王夫人说道："难为他想着。若是还有生的，再炸上两块，咸浸浸的，吃粥有味儿。那汤虽好，就只不对稀饭。"又第七十五回写道："贾母因问：'有稀饭吃些罢了。'尤氏早捧过一碗来，说是红稻米粥。贾母接来吃了半碗，便吩咐：'将这粥送给凤哥儿吃去。'""稀饭"和"粥"同时出现，亦同指一物。这就毫无疑义地说明粥也是饭的一种："稀饭"者，放水较多、有汁的饭也。

粥的历史与饭一样久远，古书说饭和粥都是"黄帝始烹谷"为之的。吃粥是不分南北、不论古今的普遍现象，但各地仍有别。然而无论什么花样的粥，米和水总是最主要、最基本的原料，其他东西都是配角。清人徐珂《清稗类钞·饮食类·粥》云：

> 粥有普通、特殊之别。普通之粥，为南人所常食者，曰粳米粥，曰糯米粥，曰大麦粥，曰菉豆粥，曰红枣粥。为北人所常食者，曰小米粥。其特殊者，或以燕窝入之，或以鸡屑入之，或以鸭片入之，或以鱼块入之，或以牛肉入之，或以火腿入之。

研究《红楼梦》乃至曹雪芹的人，总免不了提到他晚年"举家食粥酒常赊"的困顿生活。其实早在宋代，诗人梅尧臣就说了句"举家食粥焉用怪，但愿漉酒巾常存"，是说哪怕全家喝稀饭，但酒是不可少的。曹、梅二位的"食粥"，大抵可以算是家境不宽裕所致，倘若他们愿意把酒戒掉，那全家人大概也是可以吃干饭的。总之，用同样的米，粥至少比米饭在账面上占优——米少水多，哄哄肚皮，确是穷人家的一种度日办法。《儒林外史》第三回写范进参加完举人考试回来，"家里没有早饭米，母亲吩咐范进道：'我有一只生蛋的母鸡，你快拿到集上卖了，买几升米来煮餐粥吃。我已是饿的两眼都看不见了！'范进慌忙抱了鸡，走出门去"。又第十一回写假名士杨执中穷得没法再扮清高，只好对人说实话道："邹老爹，却是告诉不得你。我自从去年在县里出来，家下一无所有，常日只好吃一餐粥。"可怜之相呼之欲出。

在古代，凡遇灾荒之年，就多有施舍粥的举动，这也是因为其"性价比"最优。比如开设"粥厂"，就是在开阔地方搭一些棚子，用大锅煮粥赈济饥饿的灾民。清代小说《醒世姻缘传》第三十一回，很详尽地描写了政府和善人设粥厂救济饥民的流程。官府方面，由地方长官"预先叫乡约地方报了贫民的姓名，登了册籍，方才把四城四厢分为八日，逐日自己亲到那里，逐名覆审，给了吃粥的信票，以十月初一日为始，到次年二月终为止。又有那二百多名贫生，也要入在饥民队里吃粥。按院说：'士民岂可没有分别？'将四门贫士另在儒学设立粥厂，专待那些贫生。四门的粥厂又分男女两处，收拾得甚有条理"。而地方善人晁夫人、武乡云等也各自尽力开粥厂，"行了不足十日，不特消弭了那汹汹之势，且是那街上却有了人走动，似有了几分太平的光景"。开始见了成效。作者慨叹："这一日一顿稀粥，若说要饱，怎得能够？但一日有这一顿稀粥吃在肚里，便可以不死。"人还活着，就有希望。

但是，能不能由此认为凡是吃粥的人都是穷人呢？显然未必。现在酒肉满桌的宴会中以各种粥作为主食乃是常事；即使在古代，即便如《红楼梦》里的贵族们那样银子大把而喜欢吃粥者也大有人在。

古代名人中最喜食粥者大概当推白居易，证据就在他的大量诗作中——《履道新居二十韵》云"老饥初爱粥，瘦冷早披裘"；《晨兴》云"何以解宿斋，一杯云母粥"；《春寒》云"今朝春气寒，自问何所欲。酥暖薤白酒，乳和地黄粥。岂惟厌馋口，亦可调病腹"；《新沐浴》云"裘温裹我足，帽暖覆我头。先进酒一杯，次举粥一瓯。半酣半饱时，四体春悠悠"。例子实在太多，恕难尽举，简直就是个成瘾的吃粥达人。白居易大半辈子做官，职位也不低，晚年官至太子少傅，"俸沾五十千"，每月工资五万钱，早年当小小县尉时就已"吏禄三百石，岁晏有余粮"，更不要说晚年了。他的《斋居》就说："香火多相对，荤腥久不尝。黄耆数匙粥，赤箭一瓯汤。厚俸将何用？闲居不可忘。明年官满后，拟买雪堆庄。"工资用不完，对大鱼大肉早就没兴趣了，就喜欢吃粥喝汤。《金瓶梅》中的西门庆也颇爱吃粥，第六十七回写道：

正说着，只见画童儿拿了两盏酥油白糖熬的牛奶子。伯爵取过一盏，拿在手内，见白激激鹅脂一般酥油飘浮在盏内，说道：

"好东西，滚热！"呷在口里，香甜美味，那消气力，几口就喝没了。西门庆直待篦了头，又教小周儿替他取耳，把奶子放在桌上，只顾不吃。伯爵道："哥且吃些不是？可惜放冷了。象你清晨吃恁一盏儿，倒也滋补身子。"西门庆道："我且不吃，你吃了，停会我吃粥罢。"

　　在古代，这"酥油白糖熬的牛奶子"可是稀罕之物，大土豪却宁弃牛奶而食粥，这份"执着"恐怕和白居易也相去不远了。

　　穷人吃粥，是为了果腹救命；而许多并不缺钱的人也喜欢吃粥，那就得另找原因了。就群体而言，老人和病人是粥的坚定支持者，与贫富无关。民国年间因写就《文坛登龙术》而被鲁迅讥讽的章克标，将近百岁时居然还登征婚启事，身体肯定是挺硬朗的。有记者采访问其长寿秘诀，答曰：天天吃粥；而煮粥的米"必须白粳"。这似乎可以作为一个吃粥有益健康的好例子。如果不考虑耐不耐饿的前提，那么可以认为粥其实是很好的主食。粥性平和，容易吞咽，容易消化，一碗下肚，养料、水分全备，对健康是百利无一害的，具有"食疗"的效果。宋代大诗人陆游《食粥》诗就说："世人个个学长年，不悟长年在目前。我得宛丘平易法，只将食粥致神仙。"陆放翁活到八十六岁，在古代绝对是罕见的高寿，他的这个"食粥可长寿"的体会令人信服。

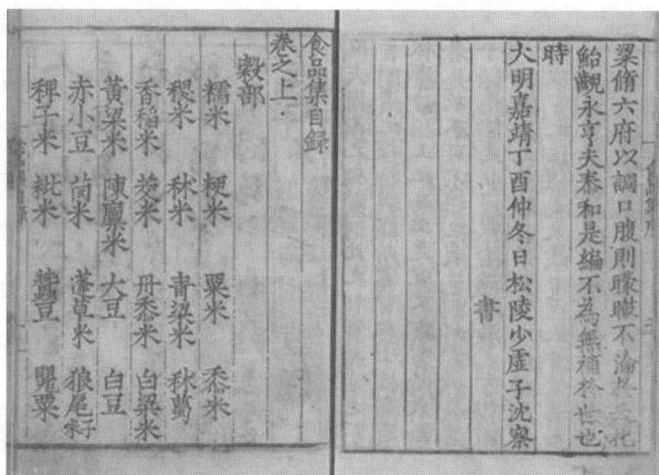

明·吴禄《食品集》书影

老人和病人，都有食欲减弱的特点，况且他们不像年轻健康之人那样需要更多的能量，比起难以下咽的白米饭，粥自然更受他们欢迎。唐代大诗人王维诗《田家三首》说"老年方爱粥"也是这个道理。《红楼梦》第五十四回写贾母：

上汤时，贾母说："夜长，不觉得有些饿了。"凤姐忙回说："有预备的鸭子肉粥。"贾母道："我吃些清淡的罢。"凤姐儿忙道："也有枣儿熬的粳米粥，预备太太们吃斋的。"贾母笑道："不是油腻腻的就是甜的。"

上面提到过，粳米算是古人公认的好米，贾母吃粥自然是选最好的。又第十四回，王熙凤早晨起来梳洗完毕，"吃了两口奶子糖粳米粥，漱口已毕，已是卯正二刻了"。再如《金瓶梅》第四十五回写西门庆和应伯爵吃饭，菜一大桌，而两人的饭不同——"伯爵面前是一盏上新白米饭儿，西门庆面前是一瓯儿香喷喷软稻粳米粥儿"。仔细想来的话，这些无不是巧妙地以饮食等级反映社会等级的隐喻呢。

至于病人的粥，有条件的往往还得加入一些珍贵补品。《野叟曝言》中写主角一行人常吃人参粥，第二十回又向李素娥说道，"你以梦中身卧荒郊为不祥，我心中也只解梦死得活；如今看起来，也是两样妙药：你梦卧于青草之中，青者，侵也；草头加一个侵字，岂不是人葠的葠字？竹者，粥也；以参煮粥，扶植元气，岂非又是两样妙药？"人葠即人参，这解梦固然胡扯，但人参粥"扶植元气"是讲得通的。《红楼梦》第四十五回写黛玉生病，宝钗来看望，谈到每天要吃一两的人参燕窝粥，放在今天也绝非一般人家吃得起：

宝钗道："昨儿我看你那药方上，人参肉桂觉得太多了。虽说益气补神，也不宜太热。依我说，先以平肝健胃为要，肝火一平，不能克土，胃气无病，饮食就可以养人了。每日早起拿上等燕窝一两，冰糖五钱，用银铫子熬出粥来，若吃惯了，比药还强，最是滋阴补气的。"

人参之上，甚至还有人肉，虽然不贵，但确实很"珍"。明代小说《型世言》有个故事说一女子因婆婆病重，买不起人参燕窝，就效仿"割股救亲"，从手臂上削下一块肉熬成粥给她吃，身体立时好转起来。虽说古时所谓的"二十四孝"是有这么个割股疗亲的掌故，然而后世鼓吹者估计大多没注意该故事的真实结局：孝子割肉受感染，老子吃了肉不解病疴，双双死去，并不能像小说一般每次都成功上演大逆转。如此看来，在饮食上行孝心的出发点不赖，可落实到具体操作，却还得谨慎些。

当然，用来养病的粥不一定非加入人参、燕窝这类名贵辅料不可，元代太医忽思慧所撰《饮膳正要》中有"食疗方"一节，列举多种用于治病的粥，都不过是用萝卜、小麦、莲子等常见原料制成，平民得很。清代文人美食家袁枚，所著《随园食单》有诸多食物制作法，其中一种"鸡粥"据说特别"宜于老人"："肥母鸡一只，用刀将两脯肉去皮细刮，或用刨刀亦可；只可刮刨，不可斩，斩之便不腻矣。再用余鸡敷汤下之。吃时加细米粉，火腿屑，松子肉，共敲碎放汤内；起锅时，放葱姜，浇鸡油，或去渣，或存渣，俱可。"不过，他这个食谱似乎也略嫌油腻，或许是那时老人的口味比较重。

倘若实在无料可加，白米粥也是能凑合给老病者的。《西游记》最让人捧腹的女儿国产子情节就涉及白粥，小说写到唐僧和八戒吃了悟空取回化解胎气的水后：

那婆婆即取两个净桶来，教他两个方便。须臾间，各行了几遍，才觉住了疼痛，渐渐的销了肿胀，化了那血团肉块。那婆婆家又煎些白米粥与他补虚，八戒道："婆婆，我的身子实落，不用补虚。且烧些汤水与我洗个澡，却好吃粥。"沙僧道："哥哥，洗不得澡，坐月子的人弄了水浆致病。"八戒道："我又不曾大生，左右只是个小产，怕他怎的？洗洗儿干净。"真个那婆子烧些汤与他两个净了手脚。唐僧才吃两盏儿粥汤，八戒就吃了十数碗，还只要添。行者笑道："夯货！少吃些！莫弄做个沙包肚，不象模样。"八戒道："没事！没事！我又不是母猪，怕他做甚？"那家子真个又去收拾煮饭。

此外，还有中国人都知道的腊八粥，更是一种由来已久的"老粥"了。"腊八"者，腊月八日也，即农历十二月初八。相传这一天是佛祖得道之日，所以古代寺院在这一天要煮这种粥布施。《清稗类钞·饮食类》说："腊八粥始于宋，十二月初八日，东京诸大寺以七宝五味和糯米而熬成粥，相沿至今，人家亦仿行之。""五味"搭配"七宝"，用料很是丰富，绿豆、红枣、莲子等豆类食材是少不了的。《诗经·豳风·七月》说"七月亨葵及菽"，"亨"通"烹"，"亨菽"就是煮豆子饭。豆饭在中国历史上长期流行，《镜花缘》第四十六回写唐小山欲上山，担心挨饿，林之洋取出一包豆面并一包麻子，并教授其"济饥辟谷仙方"，制作方法复杂，吃到"第四顿二千四百日不饥"，虽说效果是瞎扯，但倘若真能换来终生不饿，倒也值得，只是想来多为小说家采民间之传闻，只可作佚闻听听而已，否则此剂辟谷良方应该早已大力推广开来，提前终结世界性的饥荒问题。

有关豆子饭粥还可再谈一下。《世说新语》里，大富豪石崇款待客人，阔气表现之一是"为客作豆粥，咄嗟便办"——家里来客人，能立即喝上热腾腾的豆粥。以当时技术而言是难度挺大的事，所以王恺非要打探消息，结果问出是先备好豆子粉，来客只需热水冲泡就好。如此看来，像《镜花缘》所描绘之工艺复杂的充饥偏方虽有夸饰之嫌，但也不免有一二分依据。而说到豆粥的代表，大部分读者的第一印象当然还是八宝粥。《红楼梦》第十九回，贾宝玉去探望林黛玉，临时起意，杜撰了个耗子偷粮食做腊八粥的故事逗黛玉开心，里面所谈的米、豆、瓜、果几种，如果笼统来看，其实还是古人眼中的"豆"类食物。文学家周绍良先生曾著有文章，认为腊八粥"细究之，它关系到宗教学、民俗学、社会学等学科，并不简单"。如果这么看，那贾宝玉编故事这一出还能涉及植物学乃至人际关系学，岂不善哉？

最后不得不提的是广东人的"煲粥"。《清稗类钞》说：

> 粤人制粥尤精，有曰滑肉鸡粥、烧鸭粥、鱼生肉粥者。三者之中，皆杂有猪肝、鸡蛋等物。别有所谓冬菇鸭粥者，则以冬菇煨鸭与粥皆别置一器也。

"粤人制粥尤精"的说法，一两百年前已为全国共知。广东人吃饭主打米饭与粥，且重视"食煲"，而且菜、汤等皆可入煲。举国皆知粤人"无物不可入馔"，乃至形成"妖魔化"的刻板印象——有一则笑话：外省人与广东人对话，问曰："听说你们吃婴儿？"答曰："系咯，有冇听讲过煲仔饭？"问者望文生义，答者也就幽默随之。殊不知所谓的"煲仔饭"，指的是用较小的瓦煲煮饭，一人一煲之意。对于饮食素来清淡的广东人来说，瓦煲饭、煲仔饭、啫啫煲一类带"煲"字的食物，放在粤菜里算是为数不多的"重口味"。粤人热衷捣鼓各种食材入煲，所以不唯煲饭，甚至还能煲汤、煲药材，乃至无所不煲。此外还想补充的是，此"煲"古已有之！偶读唐颜师古笔记小说《大业拾遗记》，发现一则与此有关的史料：

> 南人取嫩牛头，火上燖过，复以汤去毛根，再三洗了，加酒、豉、葱、姜煮之。候熟，切如手掌片大，调以苏膏、椒、桔之类，都内于瓶瓮中，以泥泥过，糖火重烧。其名曰"褒"。

这里的"褒"，可以认为就是"煲"的别字，而且它正是"南人"所用。颜师古是北方人，他听到南人说"煲牛头"，弄不清到底是哪一个"煲"字，就想当然地写成"褒"了。而古时所说的"南人"，在多数情况下一般都指两广人。广府话里，"掂煲"（"掂"意为打翻）一词指男女分手，"箍煲"（"箍"意为修理）则为破镜重圆。正所谓"不是一家人，不进一家门"，就算吃饭，也是同理。年长的广东人时常称呼老妻为"煮饭婆"，细思起来确实有理：若不是相濡以沫的夫妻或情投意合的恋人，谁肯给对方煲粥煮饭呢？

（三）何谓面饭

作为食品的"面"字，繁体写作"麵"或"麪"等，从它以"麦"字为偏旁看，其原料无疑是麦子。《说文·麦部》："麪，麦屑末也。"段玉裁注："末者，屑之尤细者。"胡三省注《资治通鉴》云"麪，麦粉。"也可证明。

由于面的形状是"屑之尤细者"，加水揉搓之后，犹如一团胶泥，能够随意塑造各色各样的形态，也能够与任何佐料相搭配，所以，面食种类之多令人瞠目，尤其是在食材和想象都极度丰富的今天，单讲带"面"字的名目就数不清：油泼面、扯面、杂酱面、捞面、裤带面、刀削面、剔尖儿、龙须面、拔鱼儿、蘸尖、河捞、揪片儿、炸酱面、红面糊糊、猫耳朵、焖面、剪刀面、拉面、臊子面、烩面、热干面、凉面、冷面、瓦罐面、蒸面、皮肚面、板面、纥烙面、排骨面、爆鳝面、盖浇面、担担面、牛肉面、阳春面、杂烩面、切面、云吞面、伊面、蘸水面、杂面拖叶儿……甚至一些地方上的面食名称简直让人难以理解，譬如西北地区有"莜面栲姥姥"，简直和"煲仔饭"名称的诡异感有得一拼。而且可以肯定的是，即使在今天，几乎没有人吃过中国的所有面食，当然也少有人能说出所有的面食名称。今天几乎无处不有的饼、包子、馒头，当然也应属于面食之列，不过它们历史悠久而又地位特别，得对它们青眼相待，另辟专节介绍。

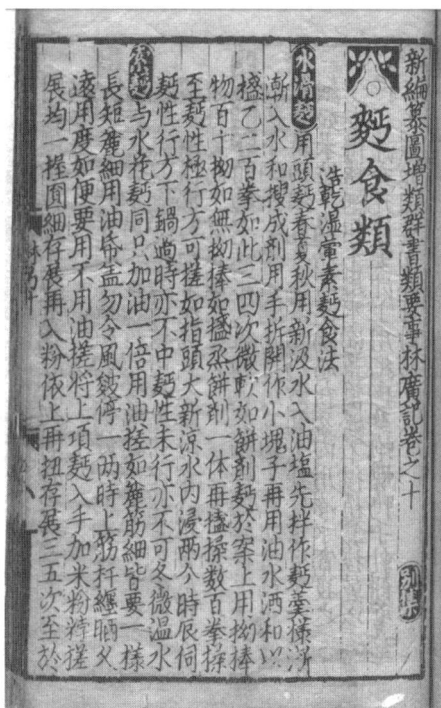

宋·陈元靓《新编纂图增类群书类要事林广记》书影

可能有人认为，面食在中国虽然历史悠久，但古代的面食总不会有今天这般种类丰富吧？那可不一定，至少在宋代，面食的发展就已经进入高峰期了。据《梦粱录》《武林旧事》等宋人笔记记载，宋代京城，无论是汴京（开封）还是临安（杭州），都有大量的面食店，出售种类繁多的面食。古代小说中当然也会写到面食。其间很有一些可充谈资者。

首先说说"面饭"。《汉语大词典》有"麫饭"的词条，但是所下的定义却是一笔糊涂账："亦作'麵饭'，面制食品。"如此而已，并没有说出这"面饭"到底是一种怎样的"面制食品"。从小说描写来看，这种含混不清也是常见之事。《隋唐演义》第七回写高开道母亲对秦叔宝说："'想你还未午膳，我有现成面饭在此。'说完进去，托出热腾腾的一大碗面、一碟蒜泥、一只竹箸，放在桌上，请叔宝吃。"显然，这妇人招待秦叔宝的"面饭"，实际上就是那一大碗面罢了。《施公案》第四二〇回写窦飞虎等人进店吃饭要点面饭，"店小二道：'卖的是面饭，肉馒头、糖馒头、锅贴儿、大饼通有的，你老要啥呀？'马虎鸾道：'你就再给咱薄饼打上四十张，锅贴儿做二十个，再拿两碟甜酱就得了。'"店小二说他卖的"面饭"，并非简单的一种面，而是包括了"肉馒头、糖馒头、锅贴儿、大饼"以及薄饼等面制食品。

《西游记》也多次出现"面饭"。第四十七回写唐僧师徒来到通天河边陈家庄投宿，得到招待，八戒逮着机会得以大快朵颐：

呆子不论米饭面饭，果品闲食，只情一捞乱噇，口里还嚷：

"添饭！添饭！"渐渐不见来了！行者叫道："贤弟，少吃些罢，也强似在山凹里忍饿，将就觳得半饱也好了。"八戒道："嘴脸！常言道：'斋僧不饱，不如活埋'哩。"行者教："收了家火，莫睬他！"二老者躬身道："不瞒老爷说，白日里倒也不怕，似这大肚子长老，也斋得起百十众；只是晚了，收了残斋，只蒸得一石面饭、五斗米饭与几桌素食，要请几个亲邻与众僧们散福。不期你列位来，唬得众僧跑了，连亲邻也不曾敢请，尽数都供奉了列位。如不饱，再教蒸去。"

这里的"面饭"与"米饭"并列，而且制作方法都是蒸，那么此"面饭"就不可能是面条、片儿汤之类，应该是馒头、炊饼等。第六十七回猪八戒变成巨猪开路，恰好村民送饭来，"拱了两日，正在饥饿之际，那许多人何止有七八石饭食，他也不论米饭、面饭，收积来一捞用之，饱餐一顿，却又上前拱路"。

宋代周煇笔记《清波杂志》说宋高宗赵构初当皇帝时，倡行节俭，"一日语宰执曰：'朕性不喜与妇人久处。早晚食，只面饭、炊饼、煎肉而已。'"他把"面饭"和"炊饼"并列而言，说明像武大郎所卖的炊饼又不能算在"面饭"行列了。从这些例子看，所谓"面饭"应当就是指面制主食，之所以特别称为"面饭"，大概是为了与另一种主食"米饭"相区别。至于"面饭"具体包括哪些品种，不同地区、不同时代的人并无统一标准，大约总以面条为主。

　　从古代小说中还可看到另一种与面食有关的现象：面食在上流社会并不流行，甚至可以说不受欢迎——虽然并不特别加以排斥。如上面说到宋代皇帝赵构吃"面饭"，是否能证明上流社会喜欢面饭？非也。因为赵构正是拿这件事作为他厉行节俭以教育臣民的证据，证明面饭并非他心目中的好东西。宋人吴自牧笔记《梦粱录》在列举京城数以百计的面食品后，特别强调了两次"此不堪尊重，非君子待客之处也"，"此等店肆乃下等人求食粗饱，往而之矣"，换句话说，当时自重自矜的士人们，是不应该在这些地方请客吃饭的。而且在古代小说中也可看出王公贵族是极少吃面食的。《红楼梦》里的贾府主人们，除了偶尔在生日宴上象征性地吃一两口"寿面"应景之外，平素间的餐桌上几乎没有出现过面食。第七十五回王夫人某天吃斋，特别尝了次"面筋豆腐"，然而终究还是得做成豆腐样子，不能显出"面"本相来。影响所及，连与宝玉要好的小戏子芳官也跟着做作起来，称"我也不惯吃那个面条子"，而要求另"做一碗汤盛半碗粳米饭送来"。同样描写贵族生活的小说《林兰香》中，耿府中饮食从头至尾只出现过一样面食名称，第十七回写"过了数日，已是初七，鼎儿、养氏预备竹叶酒、七菜羹、盘龙面、照宇饼，俱在梦卿房内会食"。这"盘龙面"或许是龙须面也未可知，不过终究是昙花一现而已。

　　除去面饭，我们还得搞清楚"面"的含义。我们今天说"吃面"，在一般情况下指的都是吃面条。面条在中国的历史也很久远了，但具体是何时发明却难有定论。就算是"面条"这个词，想找到它在清代以前的使用场合也不太容易，当然这绝非等于说清代以前没面条。清代徐珂《清稗类钞·饮食类》说："凡以麦粉制成之食品，皆曰面食；而世俗则以面粉制成细缕者，始谓之面。"也就是说单讲"面"时就是指面条。

《儒林外史》第十四回写马二先生游西湖，景色没注意多少，倒是湖沿上那些酒店里挂着透肥的羊肉，柜台上盘子里盛着滚热的蹄子、海参、糟鸭、鲜鱼等看得十分真切，然而"马二先生没有钱买了吃，喉咙里咽唾沫，只得走进一个面店，十六个钱吃了一碗面"。如此便宜，应该是面条。《水浒传》第五十三回，戴宗带着李逵去请罗真人，见路边有一个素面店，就去买面吃：

> 分付过卖造四个壮面来。戴宗道："我吃一个，你吃三个不少么？"李逵道："不济事，一发做六个来，我都包办！"……只见过卖却搬一个热面放在合坐老人面前，那老人也不谦让，拿起面来便吃。那分面却热，老儿低着头，伏桌儿吃。李逵性急，见不搬面来，叫一声："过卖！"骂道："却教老爷等了这半日！"把那桌子只一拍，溅那老人一脸热汁，那分面都泼翻了。

老儿吃的"热面"有汤汁，想来也是面条；但李逵二人要的"壮面"，则不能断定是不是面条。这就涉及一个问题：既然面条是历史悠久的食物，而"面条"一词的历史却不长，那么，此前的面条叫什么？答曰："汤饼。"

"汤饼"的文献历史也很久了。《世说新语》记载，三国时代的曹魏大臣何晏，长相绝美而又肤白，就像施了粉黛的妇人一般。魏明帝有点不大相信一个男人会长得这样白，想验证一下，就在热得流油的夏天把何晏叫来，赐他吃一大碗热气腾腾的汤饼，令他当面吃完。何晏呼哧呼哧吃完，拿袖子一抹汗，"色转皎然"，皮肤更显白嫩。这回魏明帝不得不相信了。

众所周知，面条是细长条形，与通常认知中的"饼"，相较两者形状实在相去甚远，为何要称它为"汤饼"？清代小说《儿女英雄传》的作者有个解释，第二十八回写道：

> 那两碗热汤儿面，便是玉凤姑娘方才添的那一炉子火那一锅水煮的。但是热汤儿面又怎么算得羹汤呢？要作碗三鲜汤、十锦羹吃着，岂不比面爽口入脏些？他讲的是："羹汤者，有汤饼之遗意存焉。"古无"面"字，凡是面食一概都叫作"饼"。今之热汤儿面，即古之汤饼也。所以如今小儿洗三下面，古谓之"汤饼会"。

古时新生儿办三朝酒或满月酒，以及成人办寿宴，来客们总少不了每人一碗面条，寓意很清楚，是取其"长寿"的祝愿，因为面条是很长的食物。而三朝酒宴，一般就叫作"汤饼会"或"汤饼宴"。唐代诗人刘禹锡《赠进士张盥》（一作《送张盥赴举诗》）诗云："忆尔悬弧日，余为座上宾。举箸食汤饼，祝辞添麒麟。"所谓"悬弧""添麟"，都是古人生儿子的雅称。老刘回忆起当年张进士刚出生时，他参加过小张的"食汤饼"庆祝会，那时的新生儿如今已成了进士。唐宋诗中有关的例子还有不少。如苏东坡《贺陈述古弟章生子》"甚欲去为汤饼客，惟愁错写弄麞（zhāng）书"，还是取的祝贺生子之意。宋人马永卿笔记《懒真子》说，所谓"汤饼者，则世所谓长命面者也"。长命面，后世作"长寿面"，简称"寿面"。李颀说"风俗尚九日，此情安可忘。菊花辟恶酒，汤饼茱萸香"。重九老人节，也得吃点汤饼。李纲《奉寄李泰发端明》："无分去为汤饼客，有缘来作荔枝仙。"这显然是认为汤饼味道也不错的了。

日·石崎融思绘《清俗纪闻》卷六《生诞》插图

虽然汤饼用作祝贺的场面颇多，不过它本身也是面食，可以拿来充饥饱肚，喜欢吃的人当然也不会少，《聊斋志异》就有好几位故事人物似乎特别中意吃汤饼。如《丐仙》写了个会法术的乞丐，先到富人家门口讨饭：

数日，丐者索汤饼，仆怒诃之。高闻，即命仆赐以汤饼。未几，又乞酒肉。

先讨汤饼，后乞酒食，自然是因为汤饼能首先解决基本温饱，再求酒食以飨腹中馋虫。

《伍秋月》则写主角王鼎魂魄入冥，发现哥哥在地狱受刑，鬼卒还要索贿，王鼎忿极斩杀鬼卒后还魂，去看哥哥时：

始入，视兄已渺，入室，则亡者已苏，便呼："饿死矣！可急备汤饼。"时死已二日，家人尽骇，生乃备言其故。

死了两天的人复生，张口第一句话就是要吃汤饼，理由可能和身体虚弱之人需要喝粥以调养身体差不多。

《狐妾》写狐妖夫人临时受命，给丈夫刘某置办酒宴，施法令一堆食材变为佳肴后，喝得醉醺醺的一群客人索要汤饼，可是事前主人并未交代后厨准备，没办法就先向人"借"：

末后，行炙人来索汤饼。内言曰："主人未尝预嘱，咄嗟何以办？"既而曰："无已，其假之。"少顷呼取汤饼，视之三十余碗，蒸腾几上。客既去，乃谓刘曰："可出金资，偿某家汤饼。"刘使人将直去。则其家失汤饼，方共惊疑，使至疑始解。

所谓"借"，乃是她作法把他人家中刚做好的几十碗汤饼给摄将过来，当然这位狐妖心肠尚好，事后还了钱给那家人。鲁迅先生对《聊斋》评价，其最大特色是"使花妖狐魅，多是人情，和易可亲，忘为异类，而又偶见鹘突，知复非人"，说的不正是这类善良的妖怪吗？

还有一种"面筋"，大概也可视为面条、面饭的旁支末裔之一。所谓"面筋"，《本草纲目·谷一·小麦》解释曰："面筋，以麸与面水中揉洗而成者。古人罕知，今为素食要物。"李时珍认为这种东西"古人罕知"，并不见得，宋人沈括笔记《梦溪笔谈》说："濯尽柔面，则面筋乃见"，意味着古人老早就熟知了。《汉语大词典》说得更清楚一些："用面粉加水拌和，洗去其中所含的淀粉，剩下凝结成团的混合蛋白质就是面筋"，实则就是一种稍微特别、比较筋道的一团面，可以切成面片或面条。《红楼梦》第七十五回王夫人要吃一天斋，食物中就有面筋豆腐；《儒林外史》第二十回，牛布衣在他乡病死在寺院里，老和尚不忍，出钱雇人来安葬："老和尚煮了一顿粥，打了一二十斤酒，买些面筋、豆腐干、青菜之类到庵，央及一个邻居烧锅。老和尚自己安排停当，先捧到牛布衣柩前奠了酒，拜了几拜，便拿到后边与众人打散。"和尚请客，只能是这些素菜饭了。《西游记》第二十七回，女妖精提着一些变来的素食骗猪八戒说："长老，我这青罐里是香米饭，绿瓶里是炒面筋，特来此处无他故，因还誓愿要斋僧。"这里提到的"炒面筋"，徐珂《清稗类钞·饮食类》也有谈到制作方法，其中一条是"以面筋入油锅，炙枯，再用鸡汤、蘑菇清煨。或不炙，用水泡切条，入浓鸡汁炒之。加冬笋、天花。上盘时，宜毛撕，不宜光切。加虾米泡汁、甜酱，更佳"。这是古人讲究的高级方法。倘若看看如今街头巷尾的流动小食摊上，也常出现面筋，不过其制作用料、工序实则都颇简陋，兼有"地沟油"的担忧；而由此进化出的"辣条"等物，蔚为流行，这乃是后话了。

二、菜肴篇

　　"菜"，原本仅指蔬菜，不包括肉食。《说文解字》解释说：
"菜，艸之可食者。"艸，就是草，但后来这称谓逐渐用来概括所
有菜肴了。饭菜都算是中国饮食的主流，而我们一般的认识是：
饭是主食，菜是辅食。然而在现实生活中，这个"主""辅"地
位有时候是颠倒过来的。人们去吃宴席，评价其食物优劣，从来
不会重点去看饭如何，而是着眼于菜的口感、色泽、品种、等
级、价值、精美程度等。请客的主人对客人自谦，常说"没有什
么菜"或"菜不好"，决不会说自己"没有什么饭"或"饭不
好"。总之，饭很重要，却也重要得"乏味"——是真的没有味
道；若只吃饭，人生也注定乏味，我们作为美食大国的吃货，不
就是为了吃菜吗？

　　我们现今所谓的菜，当然是包括荤的和素的。如中国人常说
"六畜"之肉，就是指进入农耕时代以后人们最主要的六种豢养
动物，简单说来就是可以边养边吃的牲畜。"六畜"指哪些？"马
牛羊鸡犬豕"是也。但实际上，马一般是不作为肉食材料的，古
今皆然。虽然马肉也可以吃，尤其是在冷兵器时代的战场上，死

去的战马，常常是被吃掉的，然而在平时，马是极为宝贵的军备资源，轻易不能动；如今桂林米粉店遍布全中国，可一般人不知道数十年前正宗的桂林米粉是用马肉当配料的，今天几乎绝迹了。又如在古代，狗也算不得重要的肉食材料，虽然上古之时曾用狗肉当祭品，乃至狗有"羹献"的别名。但是大概因为在中国狗的名声不甚好，所以连带着狗肉的地位也受影响，起码，我们很难找到一个古代上流社会的人会去吃狗肉的。现实生活中，屠狗者和吃狗肉者，总有一种市井的俗气，一如《史记》所写刘邦手下大将樊哙，"屠狗之辈"，虽然不妨碍他豪气干云，却失之粗鄙。《水浒传》第四回里，鲁智深在五台山进脚店想吃肉，牛肉卖完，正无计可施，突然闻到狗肉香味，店家回道"我怕你是出家人，不吃狗肉，因此不来问你"，看来也是卖给粗人的。即使在今天，尽管在两广某些地方流行"狗肉滚三滚，神仙站不稳"的民谚而大啖狗肉，但某地的狗肉节每年都会招来动物保护主义者的抗议，渐有江河日下之势；而专门偷狗的小偷，即使在小偷同行中也被认为属下三滥之流。况且，肉狗似乎无法大规模集中饲养，产量方面难以满足作为主要肉食品的需求。至于像小说里不时出现的鹿肉之类，大多是猎户所食，也被视为非常规，所以《红楼梦》里宝玉等人聚众烤鹿肉，宝琴说"怪脏的"，湘云说"腥膻"，同样也不怎么常见。因此，如果从肉食这个角度说，"六畜"应该改为"猪牛羊鸡鸭鹅"之类才更准确。

清·孙温绘《红楼梦》"芦雪亭烤鹿肉"

　　小说写社会生活、写人，自然少不了写到菜。小说写到的菜虽然远远不能涵盖所有的中国菜，但也足可令人眼花缭乱。要聊这个话题，也有点"无从下口"之感。不得已，也只好略分陆产、"水货"和素菜几类依次谈谈。

（一）嫌弃还照吃的猪肉

　　旧时称六畜为"马牛羊鸡犬豕"，猪倒数第一。然而若论对中国人餐桌的贡献而言，猪应坐头把交椅。

　　世人对猪抱有成见，视其为低贱动物，理由无非以下：一是脏，爱滚泥水（猪没有汗腺，滚泥水是为了散热）；二是杂食性，与一些狗相似，吃粪便，脏上加脏；三是样子蠢笨，猪的形貌、声音，似乎加重了人类对它们的偏见。"猪狗不如""蠢猪"这类骂人之语，也证明着人们对猪缺乏好感。《镜花缘》第二十七回写到一个奇特的"豕喙国"，顾名思义就是"猪嘴国"。国家形成的原因居然是："原来本地向无此国。只因三代以后，人心不古，撒谎的人过多，死后阿鼻地狱容留不下；若令其好好托生，恐将来此风更甚。因此冥官上了条陈，将历来所有谎精，择其罪孽轻的俱发到此处托生。因他生前最好扯谎，所以给一张猪嘴，罚他一世以糟糠为食。世上无论何处谎精，死后俱托生于此。"然而猪与撒谎有何关系？猪的"嗷嗷"叫声，和牛之"哞哞"、羊之"咩咩"、狗之"汪汪"，又有何本质区别？这只能说是"欲加之罪，何患无辞"了。

不过在中国，猪之名声虽不佳，但猪肉却大受欢迎，长期盘踞国人的餐桌。人们早就明白这么一个真理：虽不必待见猪，但必须待见猪肉。今天，猪肉价格成为国民经济体系里居民消费价格指数（CPI）的重要组成部分，猪肉价格的波动常常会引起政府主管部门的关注，其他肉类则大抵没有这样的资格。猪肉之所以取得统治肉类的决定性地位，最关键原因是猪肉转化率实在超出其他牲畜太多——比如等量饲料喂养下，猪肉产出率是牛肉的五倍。在人口众多的中国，单单这个条件，就足以使猪肉跻身肉类榜首了。英国人罗伯茨说："中国人是世界上最会吃的，他们什么肉都吃，尤其是猪肉，而且猪肉越肥就越受欢迎。"所下断语倒也无大错，虽然末句"猪肉越肥就越受欢迎"放到今天须作修正，但在古代是事实。晋元帝司马睿从北方逃到南方建业建都，兵荒马乱之时，美食不多，而他最喜欢猪肉，又尤其赞赏猪颈肉，臣下弄到猪颈肉都拿去孝敬他，称为"禁脔肉"，而猪颈肉正是清一色的肥肉。孔夫子很早以前说肉"割不正不食"，那肉应当就是猪肉。《世说新语》讲名士阮籍葬母时蒸了一头小肥猪，饮酒二斗，世人都责怪他，说不该在服丧时吃如此美食。袁枚的《随园食单》甚至为猪肉特设一章叫作"特牲"，介绍了几十种猪肉烹制法，连猪头、猪蹄、猪内脏、猪油的制法也囊括其中。其他像著名的美食"东坡肉""李鸿章杂碎"，原料无不来源于猪。

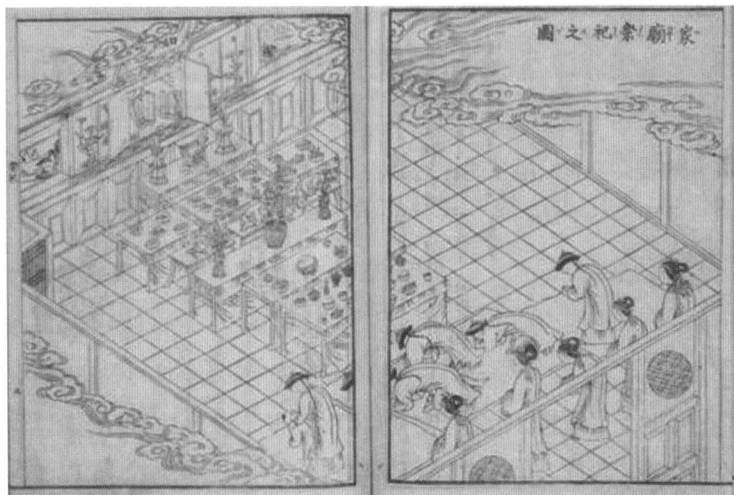

日·石崎融思绘《清俗纪闻》卷十二《祭礼》插图

　　猪肉无处不在，太过常见，所以古代小说中说到肉食，如果不特别注明，则往往就是指猪肉。譬如《儒林外史》第二十五回写鲍文卿和倪老爹去饭馆吃饭，问店家有些什么菜：

> 走堂的叠着指头数道："肘子、鸭子、黄闷鱼、醉白鱼、杂脍、单鸡、白切肚子、生烙肉、京烙肉、烙肉片、煎肉圆、闷青鱼、煮鲢头，还有便碟白切肉。"

随口列出的十三种荤菜中，除了鸭子、黄闷鱼、醉白鱼、单鸡、闷青鱼、煮鲢头六种之外，其余七种都属于猪肉，但不见一个"猪"字。第十三回蘧公孙请马二先生吃饭，"里面捧出饭来，果是家常肴馔：一碗燉鸭，一碗煮鸡，一尾鱼，一大碗煨的稀烂的猪肉。马二先生食量颇高，举起箸来向公孙道：'你我知己相逢，不做客套，这鱼且不必动，倒是肉好。'当下吃了四碗饭，将一大碗烂肉吃得干干净净，里面听见，又添出一碗来，连汤都吃完了"。四种荤菜，原料分别为鸡、鸭、鱼、猪，而马二先生只中意那"煨的稀烂的猪肉"，连下两大碗，汤汁都不剩，其余几种则基本没动。《水浒传》写鲁智深在相国寺把一众泼皮教训完毕后，第二天"众泼皮商量，凑些钱物，买了十瓶酒，牵了一个猪，来请智深"，一群无业游民请客，唯一的肉菜也是猪肉。很显然，猪肉是大路货，获取容易。

《红楼梦》里的贵族们不怎么吃猪肉，猪肉虽有一两次登场，但基本没作为常规菜品出现。原因恐怕还在于猪肉便宜，凸显不了身份，加之对猪有偏见，觉得不干净，唯有配上薛蟠这样的土霸王才不显得突兀。小说第二十六回薛蟠提到自己过生日时别人送了"灵柏香熏的暹猪",后来乌进孝的单子里也有几种猪肉,其中包括"暹猪二十个"。暹罗猪是进口猪肉,如薛蟠所言,"贵而难得",不是普通常见的国产猪。至于"灵柏香熏",大概是用柏树枝烧火熏烤之意。清朱彝尊《食宪鸿秘》有熏猪肉做法,其中就提到柏树枝熏法:"紫甘蔗皮晒干,细剉,熏肉,味甜香美,皮冷终脆不硬,绝佳。柏枝熏亦妙。"当然,乌进孝给贾府的这一大批猪肉,想必最后只是给府中下人包圆,上不得贵妇人的餐桌。

与《红楼梦》相比,《金瓶梅》一类的世情小说,走市井大众路线,自然不惮猪肉,而且西门家似乎尤为中意猪头肉。如第五十回写了一些小菜,其中就有猪头肉;第五十二回西门庆得人送自己一头猪,"旋叫厨子来卸开,用椒料连猪头烧了"。最细致的是第二十三回里,女仆宋蕙莲"因和西门庆勾搭上了,越发在人前花哨起来,常和众人打牙犯嘴,全无忌惮",第一红人潘金莲为压制宋的气焰,就使出"烧食计"来煞她威风,命令她烧猪头下酒,而宋某也确乎不凡,使出"一根柴禾烧猪头"的绝技:

> 蕙莲……于是起到大厨灶里,舀了一锅水,把那猪首蹄子剔刷干净,只用的一根长柴禾安在灶内,用一大碗油酱,并茴香大料,拌的停当,上下锡古子扣定。那消一个时辰,把个猪头烧的皮脱肉化,香喷喷五味俱全。

《儒林外史》《醒世姻缘传》里也有几次描写猪头肉,与《金瓶梅》类似,都是充当门面的小菜,想必口感比起上述宋氏烧猪头是要逊色的吧。

猪蹄肉也是古代小说里常见菜品。猪蹄富含胶原蛋白，适当烹制后口感温润而不肥腻，颇得国人青睐。《醒世姻缘传》第六十回写悍妇素姐把怕老婆的狄希陈拴在凳子上坐着睡觉，然后自己叫丫鬟"暖了一壶烧酒，厨房里要了一碗稀烂白燉猪蹄，大嚼了一顿，然后脱衣就寝"。据说林语堂晚年最喜欢做的事之一，就是坐在街头小店买猪蹄啃吃得不亦乐乎。电视剧《许世友》中许将军被关了半年放出来，第一件事就是命令警卫员马上给他找五斤酒和十个熟猪蹄来。

值得注意的是，猪蹄不光是自家可吃，买来送人也是古人的一种礼节。这原因大概与科举考试有关。因为猪音同"朱"，扯得上"朱衣人"的传说；蹄音同"题"，可寓"金榜题名"，意头极好，所以几百年流传下来，到后来演化成送礼。《金瓶梅》第三十九回西门庆置办送礼，其中就有"一对豚蹄"；第七十二回"西门庆这里买了一副豕蹄、两尾鲜鱼、两只烧鸭、一坛南酒，差玳安送去，与太太补生日之礼"；第九十八回写"爱姐与王六儿商议，买了一副猪蹄，两只烧鸭，两尾鲜鱼，一盒酥饼"，准备送人打通关节。《花月痕》写女杰柳青自索聘礼，"成婚这夕，我要老干十斤，取猪蹄二只，饽饽五十个，我醉饱了，凭老爷成亲吧"，同样也是少不了此物。小说集《夷坚志》里更有一篇《猪足符》，讲了猪蹄当礼物的故事：某人向财主聂景言借钱，带猪蹄做礼。聂家收下，后厨准备破蹄做羹，发现有张符咒在里面，告知主人。聂氏急召借钱者回问，那人惶恐答曰："刚从市场上买来，现我有求于您家，岂敢夹符咒在里边？"遂带猪蹄去责问屠户，屠户说："今天刚杀的猪，不会有这种事情。"就把钱退给那人，自己带猪蹄回家煮吃，结果全家四口都死掉了。

《西游记》虽没有直接写猪肉，但猪八戒常常激发起妖怪们对猪肉的想象。虽然在漫漫取经路上，身为"炮灰"的妖怪们的核心任务是抓到白嫩的唐僧蒸着吃，以求长生不老，可也往往少不了猪八戒作为重要的陪衬，或"等天阴了腌起来吃"，或"割下耳朵下酒"——毕竟圣僧肉量少、猴子肉干瘪、沙僧肉太寻常，只有老猪足斤足两够得上众妖瓜分。

（二）牛肉虽好，奈何量少

时至今日，牛肉的价格要超过猪肉两倍以上，而牛排也是西餐的代表之一。

在古代，最重要的祭祀仪式中，需要有最高级的祭品"太牢"和"少牢"。"太牢"即是指牛羊猪三种牲畜，皇帝祭祀方可使用，至于一般贵族只能用"少牢"——只配羊和猪，不得用牛。这样看来，牛肉的地位理应不低。但一个不容忽视的事实是，从古代小说看，牛肉在古代是一种"上不得台盘儿"的肉食，似乎只是"粗人"才会光顾。《说岳全传》第四十一回写"李太师见天子悲伤，便奏道：'陛下还算恭喜的。苦了二位老主公，在北国坐井观天，吃的是牛肉，饮的是酪浆，也要挨日子过去哩！'那高宗听见太师说着那二帝，放声大哭起来"。吃牛肉的日子被认为是折磨。《金瓶梅》写各类饮食众多，独不见对牛肉描写，仅在第六十九回提到文嫂"打了二钱银子酒，买了一钱银子点心，猪羊牛肉各切几大盘，拿将出去，一壁哄他众人在前边大酒大肉吃着"。《红楼梦》里炊金馔玉的贵族，与牛有关的食物也仅有两条：第四十九回贾母所吃"牛乳蒸羊羔"，第五十三回乌进孝进贡单上有"牛舌五十条"。不过前者并非牛肉；后者则要算一种特殊食材，非一般牛肉。看来在明清时代，牛肉大多还是被当作平民食物，不必说贾府，连土财主西门家都不屑吃。

相反，写粗人莽汉或一般市井平民为主的小说中，不难见到牛肉。

写吃牛肉最多的古代小说，非《水浒传》莫属。梁山好汉与酒和牛肉，似乎一辈子也脱离不了干系。小说第九回林冲大雪天去草料店，"店家切一盘熟牛肉，一壶热酒，请林冲吃。又自买了些牛肉，又吃了数杯，就又买了一葫芦酒，包了那两块牛肉，留下碎银子，把花枪挑了酒葫芦，怀内揣了牛肉，叫声相扰，便出篱笆门，依旧迎着朔风回来"。林冲本是发配当劳工的戴枷犯人，吃牛肉应该算不得多雅致的事。第三十七回里，宋江李逵等人来江州城酒馆吃饭，宋江替李逵点牛肉，店家却答"只卖羊肉，却没牛肉，要肥羊尽有"，立即被李逵泼了一身汁水，骂他说"叵耐这厮无礼，欺负我只吃牛肉"，看来牛肉还是粗鲁平民吃的。

至于好汉们在牛肉上的食量几何？亦有不少描写。第三十五回宋江被两公差押解过店，三人只是点了"三斤熟牛肉"来吃，算下来宋江食牛肉的量大概也就一斤，本事平平。第十回林冲被逼上梁山，在山脚吃饭，"酒保道：'有生熟牛肉，肥鹅嫩鸡。'林冲道：'先切二斤熟牛肉来。'"选牛肉而弃鸡鹅，而且"先切二斤熟牛肉"，后续多少不知。第十四回劫生辰纲之前，好汉们聚餐：

> 阮小七道："有甚么下口？"小二哥道："新宰得一头黄牛，花糕也似好肥肉。"阮小二道："大块切十斤来。"……阮家三兄弟让吴用吃了几块，便吃不得了。那三个狼吞虎食，吃了一回。

吴用是文弱书生一个，食量几乎可以忽略，那么阮氏三杰各自吃了三斤多的牛肉。第二十二回武松上景阳冈前喝酒吃肉，先是吃了二斤熟牛肉，喝过三碗"透瓶香"，再添了一轮酒肉，最终统算是干掉四斤牛肉十八碗酒，然后方有酒胆力气去打虎。至于吃牛肉的冠军，恐怕要数黑旋风李逵。第五十二回，戴宗用"神行法术"戏弄李逵，说若偷吃肉，就要让他一直飞跑下去永远停不下来。李逵喊道："却是苦也！我昨夜不合瞒着哥哥，其实偷买五七斤牛肉吃了！"

《隋唐演义》中也多有同类情节。如第八回落难英雄秦琼遭店家冷遇，送上饭菜，"却是一碗冷牛肉，一碗冻鱼，瓦钵磁器，酒又不热"。第十一回，单雄信遇到番僧化斋，"叫手下的切一盘牛肉，一盘馍馍，放在他面前。雄信与叔宝坐着看他。那番僧双手扯来，不多几时，两盘东西吃得罄尽"。第四十六回郝孝德和杜如晦赶路，"只见大树下一个大铁作坊，三四个人都在那里热烘烘打铁。树底下一张桌子，摆着一盘牛肉，一盘炙鹅，一盘馍馍。面南板凳上，坐着一大汉，身长九尺，膀阔二停，满部胡须，面如铁色，目若朗星，威风凛凛，气宇昂昂。左右坐着两个人，一人执着壶，一人捧着碗，满满的斟上，奉与大汉。那大汉也不推辞，大咀大嚼，旁若无人"。

清·刘源绘《凌烟阁功臣图》秦琼像

《说岳全传》也差不多。如第十一回写岳飞一行前去参加武举考试，客店老板给他们装了一袋点心，"是数十个馒头、许多牛肉在内"，却被牛皋一个人"把这些点心牛肉狠命的都吃完了，把个肚皮撑得饱胀不过"。第二十四回张保到岳飞军中送信，岳飞招待他的饭菜是"一碗鱼，一碗肉，一碗豆腐，一碗牛肉，水白酒，老米饭"。

总体看，古代小说中吃牛肉的现象还是不很多，且牛肉的地位也不高。至于缘何吃牛肉的描写日渐稀少，应该归于牛数量的下降和作为生产力工具的需要，因此不提倡吃牛肉。这不难理解：在农耕社会里，牛是极为重要的生产工具，而古代生产力低下，牛的产量不高，若再随意宰杀，肯定会严重影响粮食生产，这是关系根本的大事。所以历朝历代都有颁布禁止杀牛的政令。小说中也有描写因为禁绝吃牛肉而引起的纷争。譬如《儒林外史》第四回写汤知县宴请范进，说："敝教只是个牛羊肉，又恐贵教老爷们不用，所以不敢上席；现今奉旨禁宰耕牛，上司行来牌票甚紧，衙门里也都没得吃。"汤知县治所在广东回民聚集地，大概羊肉少见，所以担心没巴结好刚中了举又"服丧居礼"的范进，直到看见他"拣了一个大虾丸子送在嘴里，方才放心"。紧接着，又发生一桩事：因为禁宰耕牛，所以回民无肉可吃，回民们请了位老师父做代表，带了五十斤牛肉给汤知县行贿，希望他略放宽些政策。最后汤知县听从了张静斋的建议，把老师父枷了起来，还将五十斤牛肉堆在枷上示众，三天后老师父给枷死了，引起回民大闹。清代袁枚的《随园食单》写有猪肉菜几十种，牛肉菜却寥寥只介绍了一道，还说"牛、羊、鹿三牲，非南人家常时有之物"。古代南方基本没有鹿，羊也不多，少有鹿肉、羊肉不奇怪；但牛是不少的，水牛尤多，古代笔记如唐人刘恂《岭表录异》、明人王济《君子堂日询手镜》等都说到两广地区养牛甚多，有的人家甚至有牛千头以上。为何袁枚说南人一般家中少有牛肉？这也应该与禁屠有关。

至于小说中多将吃牛肉的人归为粗人莽汉一流，这其实是由禁止杀牛政策引出的民间舆论监督的延伸。清代小说《镜花缘》第十二回里，唐敖一行来到君子国，其宰辅畅谈中国和本国不同民风，就说到杀牛吃肉的问题：

吴之和道："……再闻贵处世俗，每每屠宰耕牛，小子以为必是祭祀之用，及细为探听，却是市井小人为获利起见，因而饕餮口馋之辈，竞相购买，以为口食。全不想人非五谷不生，五谷非耕牛不长。牛为世人养命之源，不思所以酬报，反去把他饱餐，岂非恩将仇报？"虽说此牛并非因我而杀，我一人所食无几，要知小民屠宰，希图获利，那良善君子，倘尽绝口不食，购买无人，听其腐烂，他又安肯再为屠宰？可见宰牛的固然有罪，而吃牛肉之人其罪更不可逃。

总之，按明清时的民间看法，牛是重要的农耕生产力，杀牛只可用于祭祀，若滥杀滥吃，那是要遭业报的。依此，恐怕梁山好汉们即使出现在清代，在对待牛肉上大概也会照吃不误，毕竟他们不过是一群无法无天的草寇，想必不会在乎什么"来世报"。

如今社会早已进入工业机械大生产时代，只有在偏远的农村仍用牛耕，吃牛肉也早已没那么多非议了。然而论及牛的养殖和牛肉质感，中国恐怕离澳洲、美洲等地还有一段距离，不过好在泱泱中国美食烹饪之法甚多，别的不说，单看潮汕人在吃牛肉方面的老到，一定程度上阻击了那些高高在上的洋货牛肉，还真算是把这一古代的平民食物传统给保留下来了。

（三）羊肉腥膻，送礼上佳

宋代的贫嘴和尚诗人释怀深《拟寒山寺》诗说："人生稍富足，着意营口腹。买鱼寻鳜鱼，买肉要羊肉。"《洛阳伽蓝记》载，南朝高官王肃投奔北魏，起先不吃羊肉、牛奶，坚持顿顿吃鱼加喝茶。某天那"羊肉派"皇帝问他："羊肉比之鱼羹，牛奶比之茶水，哪样为佳?"王肃只好来了个骑墙式回答："旱地所产，最美为羊；水中所产，最好为鱼。两者各有长处。"很显然，羊肉是古人心目中的美味之一。"鲜味"的"鲜"字，由"羊"与"鱼"组成，也可以得知上古时代人们对羊肉就已经赞赏有加了——当然，这点也不能深究：难道鸡肉、牛肉、猪肉之类就不鲜么? 清人屈大均笔记《广东新语》有云："东南少羊而多鱼，边海之民有不知羊味者；西北多羊而少鱼，其民亦然。二者少而得兼，故字以鱼、羊为'鲜'。"这个说法还比较通脱中肯。

羊与羊肉，从源头上来说，属北地游牧民族带到中原的食物，与猪牛相比，在中国地位略为特殊。然而奇怪的是，南隅之地的广州，别名"羊城"或"五羊城"，据说是远古时候"五羊衔谷，萃于楚庭"，由此奠定了大都市的基础。这个传说很能说明古人认为羊与食物生产有紧密联系；另一方面，也说明羊很早就进入中国，刻意把它划为北方食物，似乎也不是很妥当。

"鱼""羊"二字组合为"鲜"，但与此同时，"羊"也可以组成别的一些让人不敢领教的字，比如"羴"和"羶"，读音都为 shān，指的却是腥膻难闻的气味。这也不难理解，稍有生活常识的人都知道，活羊身上那股气味，实在臭不可当；即使是未经处理的生羊肉，其腥臊之气也是扑鼻。《老残游记续集》第四回写有个当铺东家马五爷，"专吃牛羊肉，自从那年县里出告示，禁宰耕牛，他们就只好专吃羊肉了。吃的那一身的羊膻气，五六尺外，就教人作恶心"。不过，曾听懂门道的内蒙古养羊人说过，羊之膻气，实则是羊的性激素所散发的气味，倘若是阉割过的小羊羔，长大后是没有异味的，这个说法未验真假，聊备一说。

羊肉本身虽有些异味，导致有些人嫌弃它，然而加以烹饪后确是极品美味，复又成为人人挚爱。烹制的方法当然也很多。《世说新语·任诞》有则故事说：罗友是大将军桓温部下，有一天桓温宴客，他借口有事禀报也来坐上酒席，猛吞一顿后抹抹嘴就告辞，桓温奇怪道："你来此不是有事禀报吗，怎么就要走？"

罗友面无愧色答道:"我这辈子没吃过白羊肉,听说很好吃,所以冒昧求见,实际上没事禀报。现在吃饱了,就不必留在这啦。"吃饱就走,还如实回复上司,实在是个很真诚的吃货。这里所说的白羊肉,并非指羊肉品种,而是将羊肉投入沸水滚煮再加特殊作料的制法。《本草纲目》记载:"羊肉能暖中补虚、补中益气、开胃健力,治虚劳恶冷、五劳七伤。"冬天吃羊肉御寒,算是古代人老早就总结出的经验,而现在的大排档里琳琅满目的羊肉火锅,也算是先人白羊肉吃法的各种继承与创新了。

中国人虽饮食禁忌较少,但若在既不能或不愿吃牛肉,又不屑吃猪肉的情况下,羊肉自然就成了上上之选。譬如在北宋宫廷内府里头,就是只吃羊肉的。《续资治通鉴长编》卷四八〇写道:"御厨止用羊肉,不登彘肉。"《官场现形记》第六回,写朝廷官员到地方巡视,三荷包禀告准备了外国大菜招待:

抚院一听外国大菜,愣了一愣,说道:"外国大菜牛羊肉居多,兄弟家里,已经七辈子不吃牛肉,只要家常饭菜便好。你老哥也不必费事,兄弟吃了不及那个舒服。"三荷包道:"外国菜、中国菜统通预备。就是外国菜,免去牛肉亦可以做得。"

若按外国规格置办,自然没猪肉;兼顾多数中国人习惯,又得去掉牛肉,如此一来,中西结合的菜式恐怕就是靠羊肉为主了。

像《红楼梦》中的贵族餐桌上，也极少有羊肉出现，虽然乌进孝进贡的单子上也有"青羊二十个，家汤羊二十个，家风羊二十个"，但主子们似乎并不爱吃，这大约是嫌味儿重吧。不过，羊肉得到多数小说人物的青睐，也是事实。《醒世姻缘传》第七十七回"调羹合小珍珠在厨房里边柴锅上烙青韭羊肉合子，弄得家前院后喷鼻的馨香"；《金瓶梅》的李瓶儿心灵手巧，第十六回写她为了讨西门庆欢心，"亲自洗手剔甲，做了些葱花羊肉，一寸的匾食儿"。这两种方式，分别以烙、蒸之法，加韭菜和葱花搭配羊肉，自然是为了去除羊肉膻气。西门庆一家似乎对

清·陆谦绘《水浒百八像赞临本》宋江像

羊头肉也格外钟情，第四十八回"四大碗下饭"，有"一碗大燎羊头"；第六十七回"八碗下饭"，有"一碗燉烂羊头"；第六十八回"一色十六碗"，亦有"羊头"。这里的"燎""燉"，又是两种烹饪方式。《水浒传》里，有小资情调的宋江似乎少食牛肉，钟情鱼羊，大概是因为他粗通文墨，又是首领，气质上要与手下

的糙汉们区分开来。第三十八回写他在浔阳楼惬意独酌，"一托盘托上楼来，一樽蓝桥风月美酒，摆下菜蔬时新果品按酒；列几盘肥羊，嫩酿鹅，精肉，尽使朱红盘碟"，首选的肉类也是羊。

随便翻看古代小说，只要有关庆祝活动的描写，无不是说"杀羊宰猪"。羊肉与猪肉在某些场合势均力敌——猪肉走的是量，盘踞着中国人的餐桌首席；然而在祭祀、交际等场合，羊的地位显然超乎其上，广泛出现。从这点看，羊与猪实则是打了个平手。正因如此，小说里适用羊肉的场合也极多：

一是祭祀。作为"太牢"和"少牢"都必不可少的品种（如只有猪肉，则根本称不上祭祀了），羊肉算是撑起这些中国传统仪式的中坚力量之一。《官场现形记》第一回："又忙着看日子祭宗祠，到城里雇的厨子，说要整猪整羊上供，还要炮手、乐工、礼生。"《儒林外史》第三十七回写众儒生们泰伯祠大祭：

当下厨役开剥了一条牛、四副羊，和祭品的肴馔菜蔬都整治起来，共备了十六席：楼底下摆了八席，二十四位同坐，两边书房摆了八席，款待众人。

这是动用了牛肉和羊肉的祭祀，不过不太符合"太牢"之礼，因为猪肉没有登场。

二是犒赏。如《儒林外史》第三十九回：

这里萧云仙迎接，叩见了少保。少保大喜，赏了他一腔羊、一坛酒，夸奖了一番。

《官场现形记》第十四回：

诸事停当，先传令："每棚兵丁赏羊一腔、猪一头、酒两坛、馒头一百个。"

三是送礼。上面说过，古人用猪蹄或猪腿送礼，不过，猪蹄一般用于私人间赠送，档次和分量恐怕都不如羊肉，羊肉算得上是用于馈赠的首选肉类。如《水浒传》的豪杰吃牛肉虽多，但送礼一般还是选用羊肉。像第四十七回宋江去见李应，"分付教取一对缎匹羊酒，选一骑好马并鞍辔，亲自上门去求见"；第四十九回三打祝家庄时扈成来投降，也是"牵羊担酒"。

其他类似的场合也不一而足。如《金瓶梅》第一回里西门庆花钱主持十兄弟结拜，就"买了一口猪、一口羊、五六坛金华酒和香烛纸札、鸡鸭案酒之物"；《西湖二集》说到杭州当地人吃媒酒，"请人以烧鹅、羊肉为敬"，这是拿来做媒；《十二楼》第四回写"父子婆媳四人一齐跪倒，拜谢天地，磕了无数的头。一面宰猪杀羊，酬神了愿"，这是用作还愿；《歧路灯》第八十七回则有"以上祝寿贺仪，共二十四桌。外有肥羊二腔，角上并拴了红绸三尺；美酒四坛，口上各贴了朱花一团"，则是拿来祝寿了。

此外，还有上面所提到的"羊酒"，也算是羊肉馈赠文化的产物之一。所谓"羊酒"，是指羊加酒一起用于送礼。如《儒林外史》第十回蘧公孙与鲁小姐要成亲，"到第三日，娄府办齐金银珠翠首饰，装蟒刻丝绸缎绫罗衣服，羊酒、果品，共是几十抬，行过礼去，又备了谢媒之礼"。《金瓶梅》第三十一回："那时本县正堂李知县，会了四衙同僚，差人送羊酒贺礼来。"到后来，"羊酒"似乎又演化成"羊羔酒"一物，则是指专门用于较隆重场合的黄酒了。《醒世姻缘传》第三十八回："连春元叫人送了吃用之物：腊肉、响皮肉、羊羔酒、米、面、炒的棋子、焦饼。"《金瓶梅》第二十一回："月娘令小玉安放了钟箸，合家金炉添兽炭，美酒泛羊羔。"第七十三回又说："堂中画烛高烧，壶内羊羔满泛。"倘若不解其意，以为酒内漂浮着羊肉，那就闹笑话了。

（四）想开荤，吃只鸡

《水浒传》中，神偷时迁要投奔梁山，半路上却阴沟里翻船，因偷鸡被逮住，一时去不成了。圣贤书《孟子》中也写了一个偷鸡贼，别人劝他改邪归正，他说一定改，今后将由每天偷一只改为每月偷一只。俗语常说"偷鸡摸狗"，为何总是偷鸡而少见偷鸭、偷鹅之类呢？这恐怕也和鸡多见而肉美味不无关系吧。

鸡的起源很早，现在已不太说得清究竟源头在何处了。有人说，上古时的"凤"，实际上就是鸡，《说文解字》说"凤出东方君子之国"，这个东方君子之国，有人认为指的是东夷朝鲜国，后来《本草纲目》也说"鸡生朝鲜平泽"。当然，也有不少人认为"今处处人家畜养，不闻自朝鲜来"。

鸡的养殖成本相对低廉，性价比高。如果运气好，"鸡生蛋，蛋生鸡"，常常会使鸡的数量成几何级增长。笔记小说《西京杂记》写西汉时一个叫陈广汉的富农，家中田产无数，禽畜更写明数量是"千牛产二百犊，万鸡将五万雏"——单单鸡就有上万只大鸡再加五万只小鸡，可见其养鸡规模之大。

鸡肉同猪牛羊肉比，性质上属于"小荤"，味美而价廉，又没有羊肉般的膻味，产量也高，上下人等一致爱好。《新五代史》里，后楚国王马殷的儿子马希声，平生崇拜后梁开国皇帝朱温，因为听说朱温平素喜欢吃鸡肉，遂每天吃五十只鸡来效仿偶像——这个数量有点吓人，应该是每天杀五十只鸡，并非他一个人吃——后来马殷病逝，马希声参加葬礼时神情毫不伤感，还大吃了几盘鸡肉，为此遭到下臣的批评，最后皇帝也没做久。还有的帝王爱吃鸡脚（鸡爪）。《吕氏春秋》记载"齐王之食鸡也，必食其跖数千而后足"。这"数千"大概是"数十"之误，因为一个人无论是怎样大的胃，恐怕也不能一次吃下几千只鸡爪。《金瓶梅》第六十八回也写"春盛案酒，一色十六碗"，里面就有"鸡蹄"，"鸡蹄"应该就是鸡爪。今天在两广地区，鸡脚被称为"凤爪"，以特别方法制作，风味绝佳。

鸡之平价与美味，使其成为最基本的肉菜，不管何种场合，上一盘鸡肉都是不会出错的。即使粗豪的梁山好汉们以牛肉为最爱，但对鸡肉也是完全可以接受。《水浒传》第三十二回里，武松到孔太公庄上酒店吃饭，店家推说肉都卖完了，只剩下些劣酒，紧接着孔亮进店，却"托出一对熟鸡，一大盘精肉来，放在那汉面前"，把武松气得不打一处来，赏了孔亮一顿老拳。《水浒后传》第二回写道：

水亭上坐地摆出许多鸡鹅嗄饭，孙新在供桌上取过那瓶菖蒲，又折一枝榴花插上，放在中间，笑道："应些时景，不要被人笑我们梁山泊上好汉，一味是大碗酒、大块肉。"顾大嫂道："伯伯差人送四尾石首鱼在此。"捣上蒜泥，大家吃了一个更次。

大概作者觉得《水浒传》里好汉们整天吃牛肉，太过粗鲁，就添加了个特意吃鸡鹅肉的情节，以证明他们也是"粗中有细"的。

即便是手头吃紧的普通人家，一年到头也总可以偶尔"杀鸡为黍"，吃上几回鸡肉下饭，改善一下伙食。小康以上的家庭，吃鸡肉那就是正常不过的事情。而杀鸡待客，更是中国农村古今不变的习俗之一。鸡与鸡肉当然也是送礼佳品。《儒林外史》第三回，周进中了举人，"申祥甫听见这事，在薛家集聚了分子，买了四只鸡、五十个蛋，和些炒米饭团之类，亲自上门来贺喜"。

第四回严贡生送食物给张静斋和范进，"收拾了一个食盒来，又提了一瓶酒，桌上放下，揭开盒盖，九个盘子，都是鸡、鸭、糟鱼、火腿之类"。

《金瓶梅》第七十六回写西门庆吩咐春梅上饭菜，"把肉鲊拆上几丝鸡肉，加上酸笋韭菜，和成一大碗香喷喷馄饨汤来"。看着有点混乱，想必是入不了士大夫法眼，但香味却假不了。第九十四回里庞春梅叫孙雪娥做了一种鸡尖汤：

> 原来这鸡尖汤，是雏鸡脯翅的尖儿碎切的做成汤。这雪娥一面洗手剔甲，旋宰了两只小鸡，退刷干净，剔选翅尖，用快刀碎切成丝，加上椒料、葱花、芫荽、酸笋、油酱之类，揭成清汤。

"脯翅的尖儿"应该就是鸡翅的尖儿吧，今天依旧有人爱吃，不过这东西主要尝味儿，实在没多少肉。第九十三回写已经沦落到出家当道士的陈经济"死性不改"，趁师父出去之际偷鸡弄酒吃：

> 这经济关上门，笑道："岂可我这些事儿不知道？那房内几缸黄米酒，哄我是甚毒药汁！那后边养的几只鸡，说是凤凰，要骑他上升！"于是拣肥的宰了一只，退的净净，煮在锅里。把缸内酒，用旋子舀出来，火上筛热了，手撕鸡肉，蘸着蒜醋，吃了个不亦乐乎！还说了四句："黄铜旋舀清酒，烟笼皓月；白污鸡蘸烂蒜，风卷残云。"

大富大贵之家，吃鸡肉的手段丰富得多。如《红楼梦》第四十一回，刘姥姥进大观园第一次吃到"茄鲞"这道菜：

> 刘姥姥细嚼了半日，笑道："虽有一点茄子香，只是还不像是茄子。告诉我是个什么法子弄的，我也弄着吃去。"凤姐儿笑道："这也不难。你把才下来的茄子，把皮劗了，只要净肉，切成碎钉子，用鸡油炸了，再用鸡脯子肉并香菌、新笋、蘑菇、五香腐干子、各色干果子，俱切成钉子，用鸡汤煨了，将香油一收，外加糟油一拌，盛在磁罐子里封严了，要吃时拿出来用炒的鸡瓜子一拌就是了。"刘姥姥听了，摇头吐舌说道："我的佛祖！倒得多少只鸡配他，怪道这个味儿！"

这道菜表面是吃茄子，实际上吃的都是鸡身上出产的材料：鸡油、鸡汤、鸡肉脯和鸡瓜子，难怪村妇刘姥姥边咋舌边感叹要多少只鸡来做这一道菜。《红楼梦》里关于鸡的菜肴还有"鸡皮汤"，如第八回、第六十二回就分别写了"酸笋鸡皮汤""虾丸鸡皮汤"。"鸡皮汤"这样的东西以今天眼光来看，恐怕有人会觉得搭配怪异，不过要知道这在曹雪芹写小说的当时可是蔚为风行的。清代袁栋《书隐丛说》就记载当时苏州等地在饮食上耗费奢靡，"盛夏之会者，味非山珍海错不用也。鸡有但用皮者，鸭有但用舌者"。鸡皮、鸭舌等现在觉得属于边角料的食材，彼时居然视之为珍馐，只能说是时风使然了。

清·孙温绘《红楼梦》"刘姥姥入大观园"

　　顺便说一说鸡肉的"表亲"野鸡肉。野鸡就是雉鸡，也叫山鸡，虽有"山野"之名，但也不算得是很昂贵的食材。《老残游记》的主角游历各地，消费水平都不高，饮食皆是家常菜肴，但在第六回就有人款待他吃"松花鸡"这种山鸡肉片。至于贵族家庭，吃野鸡肉当然更是不值一提的事，《红楼梦》里贾府家眷虽不常吃普通鸡肉，但不时可见拿野鸡肉玩花样。如第二十回凤姐来劝架，拉走李嬷嬷时就说"屋里烧的滚热的野鸡"；第四十五回又提到预备着"稀嫩的野鸡"做晚饭菜；第四十九回写宝玉为了赶着吃鹿肉，"只拿茶泡了一碗饭，就着野鸡瓜齑忙忙的咽完了"，"野鸡瓜齑"大概就类似做"茄鲞"时所用的"鸡瓜子"，是拿野鸡肉切成条加上瓜菜做成的酱菜。第四十三回写到贾母吃"野鸡崽子汤"和"炸野鸡块"：

　　王夫人又请问："这会子可又觉大安些？"贾母道："今日可大好了，方才你们送来野鸡崽子汤，我尝了一尝，倒有味儿，又吃了两块肉，心里很受用。"王夫人笑道："这是凤丫头孝敬老太太的，算他的孝心虔，不枉了素日老太太疼他。"贾母点头笑道："难为他想着。若是还有生的，再炸上两块，咸浸浸的，吃粥有味儿。那汤虽好，就只不对稀饭。"凤姐听了，连忙答应，命人去厨房传话。

　　不管古人今人，都崇尚带"野味"的本色食材，在饲料鸡大行其道的今天，大家都想来点土鸡肉，如南方许多地方格外推崇"走地鸡"，就是这么回事。

（五）众口易调食鸭鹅

　　鸭与鹅在国民饮食体系中也占据着重要地位，但作为国人盘中餐的名气似乎比鸡小了不少。鸭肉与鹅肉，大致而言地位不相伯仲，但就产量及普及度而言，鸭还是略胜一筹。然而相比鸡来说，这两者都只能屈居其后，大抵鸡为冠，鸭次之，鹅居末席。

　　鸭鹅肉地位之所以不如鸡肉，原因大约有三：一是因养殖条件不同（如养鸭须在有水处），鸭鹅的产肉量都不如鸡高。二是鸡肉味道本身就优于鸭鹅肉，且鸭鹅肉的肉质较鸡肉粗粝，如不进行较为繁复的加工，口感就更差一点。鸡肉切块下锅煮一二十分钟，加点作料，就是一道美味，谁都能做；若是鸭肉、鹅肉以同样的方式和时间制作，味道恐怕不敢恭维。而这又使得鸭鹅的烹调加工难度相对较大——别的且不说，仅仅是拔光一只鸭的毛，估计所需时间就是拔光一只鸡的毛的数倍。三是鸡肉属温性，能益气补虚，对病、老、孕等体弱人群作用更大，而鸭鹅肉都属"味甘性寒"，不大适应全民四季无差别化地食用。

当然，虽说鸭鹅肉"性寒"，不过以中国人饮食食性之杂，似乎万事皆无绝对，也就无须太过担忧。《红楼梦》第五十四回，贾母说肚饿，王熙凤赶紧侍奉来"鸭子肉粥"，精于饮食养生的贾母相当受用，没有提出异议。难道说这些贵妇一时糊涂，不觉得鸭肉廉价又凉寒，吃下去会不会掉面子又拉肚子？当然不是。贾母之所以吃鸭子肉粥，恐怕原因正在于吃高热量的补品太多，阴虚火旺，也得适当吃点降火的肉类来调理。《官场现形记》第五十六回的一个例子更是说明了吃鸭肉有助于调节身体机能——至少是看上去如此：

　　且说傅二棒锤先前靠着老人家的余荫，只在家里纳福，并不想出来做官，在家无事，终日抽大烟。幸亏他得过异人传授，说道："凡是抽烟的人，只要饭量好，能够吃油腻，脸上便不会有烟气。"他这人吃量是本来高的，于是吩咐厨房里一天定要宰两只鸭子：是中饭吃一只，夜饭吃一只；剩下来的骨头，第二天早上煮汤下面。一年三百六十天，天天如此。所以竟把他吃得又白又胖，竟与别的吃烟人两样。

抽鸦片的人，脸色蜡黄，一眼望去便知，然而此人靠着一天吃两只鸭子，竟然把自己养得白白胖胖，看来鸭肉滋阴补虚还是有一定效果的。就连《儒林外史》第二十九回写自命风流的名士杜慎卿，吃的点心也有一道"鸭子肉包的烧卖"，显然也是有针对性地特别制作。

至于鹅，古代曾被视为珍禽，大概因为它的体态比较优雅，兼之体型庞大、姿态高傲，很有点贵族气派。所以像晋朝的大书法家王羲之"黄庭换鹅"，恐怕是拿来当宠物观赏，舍不得吃的。随着后世养殖技术不断进步，鹅的养殖成本不断下降，才将它的身价拉低，进入寻常百姓家。

在明清两代，很多时候都是将鹅作为送礼必备品之一的。如《金瓶梅》第七十六回的送礼，其中包括"貂鼠十个，海鱼一尾，虾米一包，腊鹅四只，腊鸭十只"；第七十二回则有"半口猪、半腔羊、四十斤白面、一包白米、一坛酒、两腿火熏、两只鹅、十只鸡，又并许多油盐酱醋之类"；第九十七回庞春梅过生日，吴月娘送来"一盘寿桃，一盘寿面，两只汤鹅，四只鲜鸡，两盘果品，一坛南酒"。鹅因为形状与雁相似，古代婚礼中须用雁，而后世不大能够捉到活雁，于是就用鹅代替。《儿女英雄传》第二十七回写安公子婚礼，"'拦门第一请，请新贵人离鞍下马，升堂奠雁。请！'屏门开处，先有两个十字披红的家人，一个手里捧着一彩坛酒，一个手里抱着一只鹅，用红绒扎着腿，捆得他嘎嘎的山叫。那后面便是新郎，蟒袍补服，缓步安详进来。上了台阶，亲自接过那鹅、酒，安在供桌的左右厢，退下去，端恭肃敬的朝上行了两跪六叩礼"。

而在筵席中，鹅也是一道"大菜"。想随时吃到鹅，也不是非常容易之事。明代郎锳笔记《七修类稿》中有一篇《荒年转语》，说嘉靖朝某年天下饥荒，饿殍横道、物价飞涨，作者朋友金泉珊苦中作乐，写了两首打油诗：

年去年来来去忙，不饮千觞饮百觞。今年若还要酒吃，除却酒边酉字旁。

年去年来来去忙，不杀鹅时也杀羊。今年若还要鹅吃，除却鹅边鸟字旁。

往年能喝千壶百壶酒，今年大荒，只好"酒除去酉"，喝白开水了；往年能吃鹅羊肉，今年只好"鹅除去鸟"，自己吃自己了。

鸭鹅做肉，讲究的是"肥嫩"。梁实秋谈吃烧鸭时也强调说"鸭一定要肥，肥才嫩"。《儒林外史》第十八回就写到，家财万贯却悭吝至极的胡三公子拿众人的份子钱去买酒食：

当下走到街上，先到一个鸭子店。三公子恐怕鸭子不肥，拔下耳挖来戳戳，脯子上肉厚，方才叫景兰江讲价钱买了。

第十九回写地痞潘三请匡超人上酒楼吃饭：

潘三叫切一只整鸭，脍一卖海参杂脍，又是一大盘白肉，都拿上来。饭店里见是潘三爷，屁滚尿流，鸭和肉都捡上好的极肥的切来，海参杂脍加味用作料。

至于"肥鹅"，只要看看《水浒传》《金瓶梅》之类的小说，那就更多，难以列举了。

鸭肉鹅肉多需特别加工，此点上文已提及。如果用一句话概括就是——"烧腊槽燉蒸，样样皆适宜"。正由于鸭鹅本身肉质稍粗，味道寡淡，反倒成就了许多加工方法，仅从古代小说看就已是纷繁多样令人目不暇接，可以说是"众口易调"，几乎每个人都能找到合适的吃法。主要有：

1. 烧烤

烧烤鸭鹅，不管在古今，都是非常流行的美食，尤其烧鸭烧鹅是其中的主打。据说曹雪芹写《红楼梦》，进展缓慢，朋友催促，他就说"有人欲读我书不难，日以烧鸭南酒享我，我即为之作书"。此时的曹先生，已是穷困到"举家食粥"的地步，当年"烈火烹油"的风光日子只能在梦中回忆，所以他的最高追求不过是烧鸭而已了。但由此也可知道，当今可作国宴菜品的北京烤鸭，在那时就已是一道美味。当然，烧鸭、烤鸭的历史还得往前推。据说爱吃烧鸭的明成祖朱棣从南京迁都到北京，领着一帮厨子过去，于是南京的片皮鸭遂演变为北京烤鸭。再往前推，唐代笔记《朝野佥载》记武则天的宠臣张易之，似乎是做烧鸭的始祖："易之为大铁笼，置鹅鸭于其内，当中取起炭火，铜盆贮五味汁，鹅鸭绕火走，渴即饮汁，火炙痛即回，表里皆熟，毛落尽，肉赤烘烘乃死。"清代小说《绿野仙踪》第十四回写道："唐时来俊臣、周兴，每食鸡鸭，用大铁罩扣鸡鸭于内，中置一水盆，盆中入各样作料，即五味等物。于铁罩周围用火炙之，鸡鸭热极口渴，互相争饮，死后五味由腹内透出，内外两熟，其肉香美，倍于寻常做法。"发明权属哪家暂且不表，但两家的"烹调"方法都相当之残忍，其臭名昭著程度恐怕不亚于活猴取脑之类。

古代小说里，烧鸭、烧鹅下酒的情节常见。单说《金瓶梅》就有不少。比如第十五回：

正唱在热闹处，见三个穿青衣黄板鞭者——谓之圆社，手里捧着一只烧鹅，提着两瓶老酒，大节间来孝顺大官人，向前打了半跪。

第二十回：

先吃小割海青卷儿，八宝攒汤，头一道割烧鹅大下饭。

借饮食之事来表世态人心，是《金瓶梅》高明的地方之一。如第三十五回写西门家的女人们正聚集在一起吃螃蟹，潘金莲故意拿吃烧鸭的事来奚落李瓶儿：

> 月娘吩咐小玉："屋里还有些葡萄酒，筛来与你娘每吃。"金莲快嘴，说道："吃螃蟹得些金华酒吃才好！"又道："只刚一味螃蟹就着酒吃，得只烧鸭儿撕了来下酒。"月娘道："这咱晚那里买烧鸭子去！"李瓶儿听了，把脸飞红了。

小说描写了好几次李瓶儿吃烧鸭，也曾经送过烧鸭和南酒给西门庆的书童，据很多情节推测，李瓶儿和书童应该存有通奸嫌疑，这事恐怕是被潘金莲看在眼里。只是以潘金莲自己的处事和立场看，也不过是"一百步笑五十步"，故意奚落一下脸皮还没这么厚的李瓶儿，大家彼此心照不宣罢了。

2. 腌腊

腌腊法主要用在鹅，鸭则相对少见。大概因为腌腊制成的鹅肉色泽口感别致。《红楼梦》第六十四回，柳家人拿来的菜里头，就有一道腌制而成，名字颇为高雅的"胭脂鹅脯"，名为"胭脂"，既通"腌制"之音，更在于鹅肉腌制后，呈鲜红色，浮泛油光后有着如同胭脂一般的色泽。《金瓶梅》里描写吃腌腊鹅肉加酒的场面也不少，如第四十六回：

小玉下来，把壶坐在火上，抽开抽屉，拿了一碟子腊鹅肉，筛酒与他。

第九十五回：

薛嫂儿吃了酒，盖着脸儿，把一盘子火薰肉，腌腊鹅，都用草纸包裹，塞在袖内。

再如第四十九回，西门庆招待西域胡僧一桌酒肉筵席，把这个外道和尚吃得吹胡子瞪眼的，里面就有"一碟子腌腊鹅脖子"。

3. 糟

糟制法，与腌腊法在原理上有相通之处，不过糟制法是一定要用酒糟做原料的，而且与腌腊法相反，糟制法多用于鸭。糟鸭本身即有酒香，所以《儒林外史》第十五回写马二先生吃饭，虽是"腹中尚饱"，却又不愿辜负主人美意，将炖烂的羊肉、糟鸭和杂脍等又是尽力吃了一饱，恐怕肉的香味也起了很大的诱惑作用。而倘若糟鸭再配上美酒，乃是连饮食清淡的贾宝玉都抵抗不住诱惑的。《红楼梦》第八回写道：

这里薛姨妈已摆了几样细茶果来留他们吃茶。宝玉因夸前日在那府里珍大嫂子的好鹅掌鸭信，薛姨妈听了，忙也把自己糟的取了些来与他尝。宝玉笑道："这个须得就酒才好。"薛姨妈便令人去灌了最上等的酒来。

第五十回的糟鹌鹑虽非糟鸭、糟鹅，但也可算是其旁支：

探春另拿了一副杯箸来，亲自斟了暖酒，奉与贾母。贾母便饮了一口，问那个盘子里是什么东西，众人忙捧了过来，回说是糟鹌鹑。贾母道："这倒罢了，撕一两点腿子来。"

《金瓶梅》第四十九回，李娇儿过生日时，摆上台面的菜包括：

四碟案酒：一碟头鱼，一碟糟鸭，一碟乌皮鸡，一碟舞鲈公。

案酒就是下酒菜，按李娇儿这个妓女的身份，鸡鸭鱼都有，倒也符合规格。又第二十七回：

西门庆一面揭开盒，里边攒就的八槅细巧菜菜，一槅是糟鹅胗掌，一槅是一封书腊肉丝，一槅是木樨银鱼鲊，一槅是劈晒雏鸡脯翅儿，一槅鲜莲子儿，一槅新核桃穰儿，一槅鲜菱角，一槅鲜荸荠。

其中的"糟鹅胗掌"是特别选鹅掌来糟制，味道肯定不差。

4. 燉（即"炖"）

所谓燉，就是加佐料酱汁等将肉熬煮至松软可口，这也是一种颇能令食材入味的烹饪方法。

《金瓶梅》第四十五回西门庆请应伯爵吃饭，其中"四大碗下饭"就有"一碗卤炖的炙鸭"；《儒林外史》第十三回，马二先生到蘧公孙府上讨论文章时艺，下人就"捧出饭来，果是家常肴馔：一碗燉鸭，一碗煮鸡，一尾鱼，一大碗煨的稀烂的猪肉"，其中鸭肉和猪肉都是燉制而成；《官场现形记》第五十九回写"管厨的特地送了黄二麻子一只火腿，又做了两碗菜，一碗红烧肘子，一碗是清炖鸭子"。显然，燉的鸭肉主要用于下饭而不是佐酒。

5. 蒸

《红楼梦》第六十二回，柳家下人给宝玉等人送来一盒饭菜，里面就有"一碗酒酿清蒸鸭子，一碟腌的胭脂鹅脯"。戏子芳官嫌弃饭菜油腻，"只将汤泡饭吃了一碗，拣了两块腌鹅就不吃了"。按一般人理解，清蒸鸭子，何来油腻之说？其实"酒酿"二字足以说明问题。袁枚《随园食单》里曾有介绍一道"干蒸鸭"，做法是"将肥鸭一只，洗净斩八块，加甜酒、秋油"等工序制作而成，"临上时，其精肉皆烂如泥"——说是"蒸"，其实离燉也不远，想来与肥腴的东坡肉有同工异曲之妙，难怪"清蒸"的鸭肉遭到芳官嫌弃。

《野叟曝言》第十三回：

奚奇等伏侍素臣睡下，然后进去，吩咐宰杀猪羊，熏蒸鸡鸭。候素臣等黎明起身，饱餐一顿。

"熏"的应该是鸡，"蒸"的应该是鸭。

《金瓶梅》第三十四回：

第二道又是四碗嗄饭：一瓯儿滤蒸的烧鸭，一瓯儿水晶膀蹄，一瓯儿白煤猪肉，一瓯儿炮炒的腰子。

烧鸭还要再"滤蒸"，这就不知道是何种妙用了。

《金瓶梅》还两次写到"水晶鹅"这道菜。第一次是三十五回，西门庆的门下走狗韩道国来送礼，里面有"一坛金华酒，一只水晶鹅，一副蹄子，四只烧鸭，四尾鲥鱼"；第二次是四十一回，西门家女眷到乔大户家，席间：

上了汤饭，厨役上来献了头一道水晶鹅，月娘赏了二钱银子。

水晶鹅是道怎样的菜，不太清楚。今日有的地方有同名菜肴，然而不过是拿米粉捏出小鹅形状加工蒸成的点心，与鹅肉毫无关联。不过可以参考的是，虽然西门庆一家饮食上惯常追求"入味"，但吴月娘本人倒是口味偏清淡，所以这道水晶鹅可能接近广府名菜中的"水晶鸡",也叫"隔水蒸鸡"。而如今名头更盛者还有"水晶鹅肝",这乃是借着西餐的势头,体验一把法国人吃鹅肝的浪漫,殊不知中国某些地方的土产鹅肝加工上桌也着实不遑多让。

《太平广记》引笔记小说《卢氏杂说》中《御厨》一篇,另介绍了一种制鹅肉法:

> 两军每行从进食,及其宴设,多食鸡鹅之类。就中爱食子鹅,鹅每只价值二三千。每有设,据人数取鹅。燖去毛,及去五脏,酿以肉及糯米饭,五味调和。先取羊一口,亦燖剥,去肠胃。置鹅于羊中,缝合炙之。羊肉若熟,便堪去却羊,取鹅浑食之。

以羊包裹,"隔羊蒸鹅",不得不佩服古人的创造力。

(六) 食鱼与身份

清代小说《品花宝鉴》第四十三回说道:

> 宝珠问次贤道:"食品之内,究以何物为第一?"次贤道:"我口不同于人口,不敢定。以我所好,以鱼为第一。"琴言、蕙芳皆道:"说得是。"

　　鱼是否为食品中第一，固然见仁见智，但若说鱼是最美味食物之一，相信所有中国人都不太反对。亚圣孟子云："鱼，我所欲也；熊掌，亦我所欲也。"孟子开出两种他所认为的世间绝味，鱼为其一，而且是排在首位的。

　　中国人吃鱼的历史非常久远，《太平御览》记载，中国人的先祖，尤其是饮食上的引领者燧人氏，"燧人氏之世天下多水，故教民以渔"。如果觉得传说不靠谱，再请看《诗经》，里头有关"食鱼""亨（烹）鱼""鱼罶（liǔ，捕鱼的篓子）"的描写，加上从鱼旁的字在一起总共有几十条，这些足以说明三千年前的中国人就具有渔民属性了。古人喜"四"字意象，比如"四业"——渔樵耕读，这里头有关吃的"渔"和"耕"占了一半比重，可见民以食为天。而与农耕比，打鱼摆在第一，理由大概也简单，因为鱼虾们天生天长，可以即捕即食，生产周期比农耕短，技术含量低，见效快。

　　吃鱼肉，在大多数时候，并不是一件奢侈的事情，除非家里实在穷得揭不开锅，否则一年到头总有机会吃上几回，别的不说，至少吃年夜饭的时候，也要摆一条鱼上桌，应一个"年年有余"的意头。从前有个笑话，说有一吝啬财主，在家中与两个儿子吃饭，儿子见无菜下饭，问怎么办。财主一努嘴说：墙上挂着一条咸鱼，你们看一眼鱼，吃一口饭。正吃着，两个小儿争吵起来，财主问怎么回事，弟弟告状：刚才大哥多看了一眼咸鱼。财主大怒：咸死他！——以财主之多金而悭吝来讽刺，自然也看得出鱼肉并非高高在上的食材。

《台湾番社风俗》插图"捕鱼"

不过，在古代早些时候，吃鱼还算得上是一种优待，至少不是常人能轻易获得的荣誉。

《史记》里记载了著名的"冯谖客孟尝君"的故事：孟尝君招徕食客，冯谖初来乍到，按待遇被划分为最下等，只能吃菜，结果他便不安分起来，思索以我冯某人之才干，怎能忍受吃菜的最低待遇？于是一边倚靠着柱子摩挲宝剑，一边唱歌说"食无鱼"，暗示要求加餐。孟尝君听到后，把他升到第二等的"鱼客"，从吃菜升级为吃鱼。最后又升级为"车客"，出门有专车相送，成就一段主宾嘉话。唐代小说《西京杂记》里有个故事，某社交名流娄君卿，游走于五位侯爷门下，总得各方赏赐鲭鱼，久而烦腻，干脆自创"五侯鲭"，将各家之鱼混杂烹制，乃成新口味。想来五侯鲭必是口味上佳，倘若是失败之作，典籍里自不必大书特书作为美谈，也可想见娄君卿不光伶牙俐齿，善得王侯们欢心，还能借吃鱼来避免厚此薄彼，给足各方面子，堪当食客之典范。由此也可看出，能不能吃上鱼，实在是一件关乎身份的重要之事。

　　正因能吃上鱼也算是身份象征，所以古代小说里也多有表现。典型之一是《水浒传》，吃水产类的描写是近乎绝迹的，毕竟大多数梁山好汉们嗜大块牛肉大碗酒，虽然鲁智深曾装痴卖傻，说自己不单爱吃"鳝哉"，也中意"团鱼"大鳖，然而终究没有实际展示。唯一的独苗，恐怕算是大头目宋江，这位首领似乎总偏爱吃鱼，凭此点便与众好汉区隔开来。小说写他到浔阳江，与戴宗、李逵三人一起吃"三分加辣点红白鱼汤"，不单见出各人情性，也可看出他在饮食上颇讲究口感与排场，到底是比手下人高出几个身段：

　　宋江因见了这两人，心中欢喜，吃了几杯，忽然心里想要鱼辣汤吃。便问戴宗道："这里有好鲜鱼么？"戴宗笑道："兄长，你不见满江都是渔船。此间正是鱼米之乡，如何没有鲜鱼！"宋江道："得些辣鱼汤醒酒最好。"戴宗便唤酒保，教造三分加辣点红白鱼汤来。顷刻造了汤来，宋江看见道："美食不如美器。虽是个酒肆之中，端的好整齐器皿。"拿起箸来，相劝戴宗、李逵吃。自也吃了些鱼，呷了几口汤汁。李逵也不使箸，便把手去碗里捞起鱼来，和骨头都嚼吃了。宋江看见忍笑不住，再呷了两口汁，便放下箸不吃了。戴宗道："兄长，已定这鱼腌了，不中仁兄吃。"宋江道："便是不才酒后，只爱口鲜鱼汤吃。这个鱼真是不甚好。"戴宗应道："便是小弟也吃不得，是腌的不中吃。"李逵嚼了自碗里鱼，便道："两位哥哥都不吃，我替你们吃了。"便伸手去宋江碗里捞将过来吃了，又去戴宗碗里也捞过来吃了。滴滴点点，淋一桌子汁水。

宋江粗通笔墨，是个有点文化底蕴和文人气质的刀笔吏，也是个异类，与大块吃肉的梁山兄弟相比，只有他一个是"心里想要鱼辣汤吃"的人，也就表明了他首领的身份地位。到后来，浔阳楼题反诗的时候，写到他看见摆上桌的果品肉食很合口味，心情大好，"这般整齐肴馔，济楚器皿，端的是好个江州"，得意忘形写下反诗——殊不知早从那碗鱼汤开始，就颇能看出些端倪了。

比鱼更高贵者，还有鱼翅。鱼翅在今天，动辄几千元一斤，不是平常人家食谱上的东西。如果单论口感，鱼翅并无什么了不得，若用一般方式烹调，那便和吃一碗粉条相去不远，所以必须以特别的烹调方法加以特别的配料才行。如袁枚《随园食单》就说做鱼翅有两种方法："一用好火腿、好鸡汤，加鲜笋、冰糖钱许煨烂，此一法也；一纯用鸡汤串细萝卜丝，拆碎鳞翅，搀和其中，飘浮碗面，令食者不能辨其为萝卜丝、为鱼翅，此又一法也。用火腿者，汤宜少；用萝卜丝者，汤宜多，总以融洽柔腻为佳。"虽然未免太烦琐，但也配得上鱼翅的身价。至于鱼翅为何如此金贵，大约首先是来之不易，并非下河撒网即可得，而是来自深海特种鱼身上的一部分；其次是它早已名声在外，主要是吃它的"名"——宴席上有这道菜，主人脸上能增光不少。描写清末十里洋场的《海上花列传》第三回写道：

第一道菜照例上的是鱼翅，赵朴斋待要奉敬，大家拦说："要勿客气，随意好。"朴斋从直遵命，只说得一声"请"。鱼翅以后，方是小碗。

第六回又写：

小堂名呈上一本戏目请点戏。王莲生随意点了一出《断桥》，一出《寻梦》，下去吹唱起来，外场带了个纬帽。上过第一道鱼翅，黄翠凤的局倒早到了。

很显然，小说所写清代上海滩的请客宴席，上的第一道菜，常常就是鱼翅。这是"镇场"之物。此外，同样也是清末小说的《九尾龟》中主人公章秋谷很是好这一口，如第十八回写他，"秋谷看时，见是一大盆鲥鱼，一盆白汁巴翅，又是一只整鸭，一碗鲍鱼。原来陈文仙晓得秋谷素来爱吃的品味，所以特地做了送他"。第一百回则写"一会儿相帮早端上菜来，本来堂子里头的司菜，照例是一碗鱼翅，一碗整鸭，一碗鸡，一碗蹄子。秋谷一眼看去，见那四样例菜之外，又另外加了一大盆鲥鱼，一盆白汁排翅，一碗清燉火腿，一碗鲍鱼汤"。这一帮嫖客们正是"有钱任性"，吃鱼翅就如同吃粉丝一般了。

当然，也不是只有上海人才吃鱼翅。《官场现形记》第三十四回写"大善士到店之后，还送鱼翅酒席。阎二先生要做出清正的样子，一到店忙叫店家把灯彩一齐撤去，人家送来的酒席，一概不收"。送人一桌酒席，肯定会有许多酒菜，但就是特别称为"鱼翅酒席"，以突出其中的"镇席之宝"。《儿女英雄传》第二十一回中，邓九公招待安老爷父子等人，"泼满的燕窝，滚肥的海参，大片的鱼翅，以至油鸡填鸭之类，摆了一桌子"。只要有钱有势，都可以请鱼翅上桌。

見大魚來即噴墨相向瀰漫如雲霧大魚皆遠避矣

鲳魚

玉篇云鲳魚名不言其形今海人云小者爲鏡大者爲鲳其形似魴而圓如鏡而厚豐肉少骨骨又柔頓炙嗽及蒸食甚美此魚古無傳者始見唐本草拾遺今萊陽即墨海中多有之

沙魚

沙魚色黃如沙無鱗有甲長或數尺豐上殺下肉瘠而味薄殊不美也其腴乃在於鰭背上腹下皆有之名爲魚翅貨者珍之瀹以溫湯摘去其骨條條解散如燕菜而大名燕窩色若黃金光明條脫酒筵間以爲上肴

偏口魚

文選吳都賦云雙則比目片則王餘劉逵注云王餘魚其身半也俗云越王鱠魚未盡因以殘半棄水中爲魚遂無其一面故曰王餘今案王餘即偏口也鱗細而白體薄如魠唯一面有鱗爲異其口偏在有鱗一邊極似此目魚但比目一目須兩片相合此魚兩目連生唯口偏一處耳又有一種黑鱗而大名曰呼偏長三四尺蒸

清·郝懿行《记海错》书影，"沙鱼"条谈到鱼翅

吃鱼之事，也引出文学上的其他麻烦，譬如"鱼羊之争"。鱼羊合之为"鲜"，然而这个字引起的关于释义与地域的论战却历来不小。据东汉许慎《说文解字》，"鱻"古同"鲜"，本是鱼名，出在"貉（mò）国"，"从鱼，羴（shān）省声"。貉国所在，自然已无从考证，但鲜之初始属性里，自带三条鱼是不错的。清代《说文释例》说"鲜，似会意字也。鱼羊为鲜，合南北所嗜而兼备之矣"，就渐有些南北争胜的意味显出来。有关这个"南鱼北羊"的公案，还得从小说故事里找源头。前面提到，《洛阳伽蓝记》写琅琊人王肃投奔北魏，不甚习惯北地游牧民族的饮

食，仍是常食鱼羹饮茗茶。数年之后某日，皇帝宴会群臣，发现王肃竟主动吃起羊肉羊奶，很是诧异，遂问："你代表中原口味，可发表意见。羊肉比之鱼羹，茶比之奶，高下如何？"王肃回答亦颇讨巧："羊，乃陆产之最；鱼，乃水产之最，大家口味各异，但都是美食。"结果自然是赢得皇帝欢心，又教育了一番群臣要学习异地风俗云云。

各种饮食习俗有异，不分优劣，古人既都已明白，所以今人不管吃鱼吃羊，都需尝过才明白鲜之滋味如何。今人如要尝"鲜"，解决途径颇多，比方说可去吃鱼羊火锅，二者调和，共除鱼羊之腥膻，成中和之美。宋代吴曾笔记小说《能改斋漫录》里谈到，中原人到羌族居住地避乱，捕鱼就食，羌人相错愕道："孰谓此堪食耶？"那感受大概就和外国人初见中国人吃动物内脏般惶恐。像两位老饕李渔和袁枚，分别在他们的《闲情偶寄》和《随园食单》提到"鲜"字三四十次，如此这般，大概方有点资格来谈鲜味吧。

最后提供一则故事：北宋江苏人马永卿，到浙江一带，见当地人"呼海错为'虾菜'，每食不可阙，始悟'风俗当园蔬'之意"。这意思是说，当时浙江人每餐必食水产海味，频繁到要将之改称为"菜"，而毗邻的江苏都不甚了解此种风情，又遑论其他地方？又譬如"淡菜"，许多南方人都知其由被称为"青口"的贻贝干制，亦是一例。老饕唐鲁孙先生在《中国吃的故事》里曾说，"河北鱼多得当饭吃"；章品镇先生也说太湖一带"银鱼当饭，食不知味"，这些情况下，饮食之道，好吃为王，至于"名实之争"一类的问题，就由它去吧！

（七）鲙：国产生鱼片当自强

当今国内，受东洋文化劲风所吹，喜食日本料理的人是越来越多了，而日料中最有特色的，当属刺身这类以生鱼片佐蘸料者。而一般人未必知晓的是，古时中国人的生鱼片——"鲙"，乃是这类外来饮食的老祖宗。

《水浒传》写吃鱼甚少，然而倒也有一回写吃鲙，小说第三十七回描写张顺和李逵"黑白大战"之后，与宋江、戴宗四人把酒言欢，"分付酒保，把一尾鱼做辣汤，用酒蒸一尾，教酒保切鲙"。张顺在浔阳江边长大，吃起生鱼片，自是熟门熟路，当然也就满足了宋江的心愿。

文学作品里关于吃鲙的有名典故，首先要数大词人辛弃疾《水龙吟》的一句："休说鲈鱼堪脍，尽西风，季鹰归未。"辛弃疾属于"写词不带典故就不舒服"的做派，用典虽多，却化用得新巧妥帖，不使人烦腻。这一句的典故，是从《世说新语》里西晋大臣张翰的"鲈鱼莼羹"而来：张翰北漂居都城洛阳为官多年，某天见秋风起，想起家乡此时该有三样美食——菰菜、莼羹、鲈鱼脍新鲜上市了，惆怅地自言自语道："人生贵在适志，何能羁宦数千里以要名爵乎？"遂辞官归乡。这么一个故事，千百年来带动着无数人的思乡情感，当然，还顺便成就了江东鲈脍的美名。

吃生鱼片最盛的时代，无疑是唐代。唐诗中有大量食鲙的描写，譬如白居易诗"鱼鲙芥酱调，水葵盐豉絮"，可见当时已熟练使用芥末等酱料了，而后世的日本刺身必备芥末，指不定也是这时候传入的。杜甫诗"饔（yōng）子左右挥霜刀，鲙飞金盘白雪高"，说的是厨子手艺高超，左右开弓，生鱼片像白雪般垒起来。唐代虽流行吃鱼，但因皇室之姓李通"鲤"，禁绝食鲤，民间遂生出些吃鱼遭报应的传闻。乃至如今，社会中还存迷信说法，譬如每年春季需放生鱼类，这种观念大概也是从古时保留下来的。在这种影响中，民间渐形成一种看法，吃鱼尚且有罪愆，更不必说食鲙——鱼身既死，还得受斩段切片之刑，操刀者和食用者又是"罪加一等"了。好些唐宋间的小说，都不乏这类讲吃鲙的果业故事，撇去迷信成分来看，不少故事都颇有趣。比如《酉阳杂俎》一则：

唐南孝廉，失其名，莫知何许人，能作鲙，縠薄缕细，轻可吹起。操刀响捷，若合节奏。因会客炫伎，先起架以陈之，忽暴风雨。震一声，鲙悉化为胡蝶飞去。南惊惧，遂折刀，誓不复作。

这位孝廉南某人，大概也是位厨艺极高的饕餮客，有一身切鲙的好手艺，筵席间为展示手艺，现场操办，结果鲙片幻化为蝴蝶飞去。生鱼片切至薄如蝉翼，乃为蝴蝶，倒也符合以形化形的想象。

日·细井徇、细井东阳绘《诗经名物图解》"鲤"

又如唐初张鷟《朝野佥载》中有一则故事，写当时某人吃鱼片过多，惹怒了水族精灵来捉弄他：

> 永徽中，有崔爽者。每食生鱼，三斗乃足。于后饥，作鲙未成，爽忍饥不禁，遂吐一物，状如虾蟆。自此之后，不复能食鲙矣。

崔生每次吃鲙要三斗之量，堪称此道顶级老饕了，然而最后这次心急过甚，还没等生鱼片处理好就开吃，结果吐出蛤蟆，只能立即从鱼生界"退役"。食鲙而吐蛙，当然是瞎扯，但从另一角度来说，鱼生处理不干净，寄生虫极易残留，对人体确有大隐患。《太平广记》里就说到，唐代贞元间有一新进士郑驯，仕途正被看好时，去别人家吃饭，主人"为设鲙食，其夜，暴病霍乱而卒"。由此，吃生鱼片实需注意清洁，稍加谨慎为妙。现今广州荔湾一带，有著名小吃"艇仔粥"，实即鱼生粥，其传统做法乃是将鱼剔刺切片后，将滚烫的粥浇灌其上，催熟鱼片后可食，但以前不少外地人觉得此种吃法生猛，不敢轻易尝试，这也多半是担心不干净的缘故。

唐宋以后，中原地区食鲙之风大减，所以在明清的通俗小说里，除了背景在宋代的《水浒传》，其他小说几乎是见不到描写吃鱼生的。古代小说笔记等描写吃鱼鲙场面多集中在明代以前，全十做法当然也记载得更少。不过，在元代《居家必用事类全集》里，有一种名为"照鲙"的菜，观其操作，颇似现时两广流行的鱼生吃法：

鱼不拘大小，鲜活为佳。去头尾、肚皮，薄切，摊白纸上晾片时。细切如丝。以萝卜细剁，布纽作米，姜丝少许。拌鱼鲙入碟。钉作花样。簇生香菜、芫荽，以芥辣醋浇。

如今两广的顺德、横县等地，鱼生较为出名，其做法与照鲙也很类似，笔者曾有意寻觅，吃过几次，味道的确鲜而有滋味，相较于日本刺身的精致拘谨，本土出产的"国货"毕竟接地气，更为吾民受用一些，实在应该为之大力宣扬一番。而且，此种鱼生特色有二：一为配料之丰富，甚至有鳞次栉比之感；次为物尽其用，所用之鱼除切鲙以外，余下部位还可制成好几道佳肴。再听说河南等地一些饭馆，传统上有"一鱼三吃"的做法，这些方式，都是最大化地利用好每一样食材，不至于产生浪费。清代广东大诗人屈大均在其笔记小说《广东新语》里说，当地鱼生"红肌白理，轻可吹起，薄如蝉翼，两两相比，沃以老醪，和以椒芷，入口冰融，至甘旨矣"。这种感触，对于不敢轻易吃鱼生，不是南方沿海地带生长起来的人，想必较难体会。

（八）鲊：不鲜的鱼好吃否

说完鲙，再来谈谈"鲊"（zhǎ）。

鲊，是中国人民以鱼为原材料所发明的又一种食物，或者说是可与鲙相对的一种处理鱼肉的方式。所谓鲊，大体来说就是将鱼切块腌制保存，待吃时随取随用。可以说，鱼之本味为鲜，然而制作成鲊，恰是反"鲜"道而行之。孔子曾说过，"鱼馁（něi）而肉败，不食……恶臭，不食"，食物久放，自然要腐败，古时没有冰箱，运输靠缓慢的舟车马等，因此若要随时能吃到鱼，非得加工成鲊不可。东晋大将军谢玄出征，给家妻写《与妇书》，说道："昨出钓，获鱼，作一坩鲊，今奉送。"千里迢迢送家书不说，还随之附上一锅鱼鲊，可见夫妻感情相笃，而假若不是做成鲊，也就不会有这么个故事。宋代周去非笔记小说《岭外代答》里专门介绍粤西人特制的"老鲊"，只有家里来贵客才拿出来款待，"老鲊"甚至能保持十年不变质。

鲊既然"不新鲜"，可否算得上美食？评价食物乃主观之感，我们不必竭力夸饰，只需多看几处小说描写即可。前面曾提到一则食鲙吐蟾蜍的故事，其实早在南北朝志怪小说《齐谐记》里有一相似版本，并且是有关鲊的："周子有女，啖脍不知足，家为之贫。至长桥南，见众者挫鱼作鲊，以钱一千，求一饱食，五斛便大吐，有蟾蜍从吐中出，婢以鱼置口中，即成水。女遂不复啖脍。"这个周姓女子，好吃鲙到把家里吃穷终不悔改，街上看到渔民剖鱼制鲊，食指大动的后果就是终生不再吃鲙，正应了物极必反的道理。

剖鱼为鲊，说明鲊在历史上长期属于平民饮食。唐笔记小说《唐摭言》记当时酒令，就有"措大吃酒点盐，下人吃酒点鲊"的俏皮话——措大是穷书生，无物佐酒只能拿盐将就，殊不知连下人们都还能吃上鲊，这也算是对读书人之穷的又一揶揄了。宋笔记小说《江南野史》里，写五代末年一位有高古气的奇男子陈陶，按理来说这类人该与松竹涛声为伴才对，可他居然独好吃鲊，"所居不与俗接，唯嗜鲊一舀，或至千裔"。后来宋朝建立，归隐多年的陈氏大概是出山了，故事结尾写市民在街上看见"一叟角发被褐，与一炼师舁（yú）药入城鬻（yù）之，获资则市鲊就炉，二人对饮且詈，旁若无人，既醉且舞而歌"，一位老者与一位炼药师，卖完货换钱就买鲊和酒，当街对饮、醉舞高歌，十足一副飘逸的姿态。

鲊所具有的这种平民饮食特点，放到明清通俗小说里，使得《金瓶梅》成为描写吃鲊场面最多的一部。小说中西门家似乎对鲊也有特别的偏爱，如他们日常有好几次要喝"银丝鲊汤"；第七十六回写西门庆特地吩咐春梅"把肉鲊拆上几丝鸡肉，加上酸笋韭菜，和成一大碗香喷喷馄饨汤来"，连具体步骤都交代得清清楚楚。至于万历本《金瓶梅》写鲊就更细致，如第五十九回出现了个"香芹姆丝鳇鲊凤脯鸳羹"——主料异常丰富，只是同时配上几种不同制法的鱼，不知口味是否如五侯鲭般融合顺畅？再如第二十七回，写了个"八楅细巧菓菜"：

> 一楅是糟鹅胗掌，一楅是一封书腊肉丝，一楅是木樨银鱼鲊，一楅是劈晒雏鸡脯翅儿，一楅鲜莲子儿，一楅新核桃穰儿，一楅鲜菱角，一楅鲜荸荠。

仔细看来，这个菜其实颇讲究：前四样的糟鹅、腊猪、鱼鲊、晒鸡脯，与后四样的莲子、核桃、菱角、荸荠，分别对应加工肉品与新鲜时蔬两类不同的食材与口味，而从食材之常见、搭配之考究来看，又异常符合西门家的身份，让人不得不赞叹作者考虑之精到。

后世的鲊，并不专指腌鱼，也包括用其他菜蔬、肉类配佐料制成的菜肴，如现今江浙、云南等地有"茄子鲊"，乃用茄子切丝晒干，并用其他香料混合腌制，密封数月而成，待到要吃，取出入锅翻炒即可上桌。另外，此处还可补充一种和鲊有关系的食物——"鲞"（xiǎng）。明代小说《型世言》云："还又有石首、鲳鱼、鳓鱼、呼鱼、鳗鲡各样，可以做鲞。"总之，鱼鲞此物，也与鲜鱼反其道而行之，乃是将鱼晒干，再大加作料而成。《红楼梦》第四十一回，其中介绍了一道"茄鲞"，向来备受文学界与美食界共同关注。小说写凤姐招待刘姥姥吃茄鲞，刘姥姥吃下美味"茄子"后惊为天人，忙不迭问做法，凤姐则答曰是用鸡肉、香菌、新笋、蘑菇、五香腐干子、各色干果子等为原料制成。这道堪称豪华版的炒茄子，算是红楼美食里描述得最详尽的一道菜了，而不管是茄鲞还是茄鲊，观其字本源，理应以鱼做原料的，至于取鲜菇、嫩笋、鸡丁入馔的方法，虽已然无丝毫鱼肉在内，但其宗旨都是尽量与鱼之鲜美沾边，这大概也与"鱼香肉丝"等菜类同，算是中国美食中一例口味冲突又融合的证据吧。

（九）冒死也要吃河豚

河豚可算是水产中最为美味又怪异的食物之一了。河豚在古时也叫"鳆鲐"，亦称"河鲀"，同音不同字，至于通称的理由，笔者没考证过，但若凭第一感觉揣测，大概是因古代称家猪为

"豚"，而以河鲀滚圆的身材视之，二者有些许相似之处？

日·细井徇、细井东阳绘《诗经名物图解》河豚（"鲐"）

以前的小说里，像唐代《酉阳杂俎》和宋初《太平广记》，记载河豚基本只说其带毒，大概当时人还未熟知处理河豚肉的方法。而大规模吃河豚恐怕要从宋代开始，当时吃河豚甚为流行，乃至《东京梦华录》和《梦粱录》不约而同写到都城食肆内出现"假河鲀"和"炸油河鲀"的素食：毕竟吃真品有中毒之虞，吃仿的解解馋也可。

孟夫子说"舍身而取义"，证明道义真理之可贵，乃至和身家性命两者难双全，倘若换成至高美味也同样如此，河豚即是最显著一例。李时珍说河豚"修治得法益人，修治失法杀人"，所以古今中外，为了吃河豚而丢掉性命的大有人在。而宋代吃河豚开始流行，苏轼这样的超级名人为之推波助澜，是一因素。苏轼喜吃河豚是有名的，宋人笔记时有提及，如《明道杂志》："苏子瞻在资善堂，与数人谈河豚之美，诸人极口譬喻称赞，子瞻但云：'据其味，真是消得一死。'人服以为精要。"苏轼爱吃河豚到什么程度呢？——要拿此物来作文。他曾写过一篇寓言小文《河豚鱼说》，以河豚喻人，说它"好游而不知止，因游而触物，不知罪己"，胡乱鼓气浮出水面，以至被老鹰捉走，这就与希腊神话里面向太阳不知疲倦飞翔的伊卡洛斯神略同——都因自负而殒命，只是方向却正好相反了。此外，苏轼著名的诗句有"蒌蒿满地芦芽短，正是河豚欲上时""似闻江瑶听玉柱，更喜河豚烹腹腴"之类，这些都证明着他对河豚的深情。梅圣俞《范饶州坐中客语食河豚鱼》诗则提到荻芽与河豚的关系："春洲生荻芽，春岸飞杨花。河豚当此时，贵不数鱼虾。"张耒在《明道杂志》中也说："河豚鱼，水族之奇味也。而世传以为有毒，能杀人，中毒则觉胀，亟取不洁食乃可解，不尔必死。余时守丹阳及宣城，见土人户食之。其烹煮亦无法，但用蒌蒿、荻笋、菘菜三物，云最相宜。用菘以渗其膏耳，而未尝见死者。"由此看来，蒌蒿、荻芽该是当时人们用来除去河豚毒素的妙方，但也未知是否有人以身犯险试过。

俗话说"吃了河豚，百样无味"。一般鱼类需杀后立食，方能留存鲜味；而河豚肉质地紧密，得待死后一到两天左右再处理，此时口感才最为柔滑。清代小说《醒世姻缘传》里，狄希陈小老婆童寄姐病中，只想吃各地好吃的特产，就提到说"苏州的河豚"，现今江浙一带的江阴等地，有所谓吃"长江三鲜"之说——河豚、鲥鱼和刀鱼，都是应季美味，到每年的"河豚欲上时"，拿浓油赤酱加以红烧，那口感妙不可言。

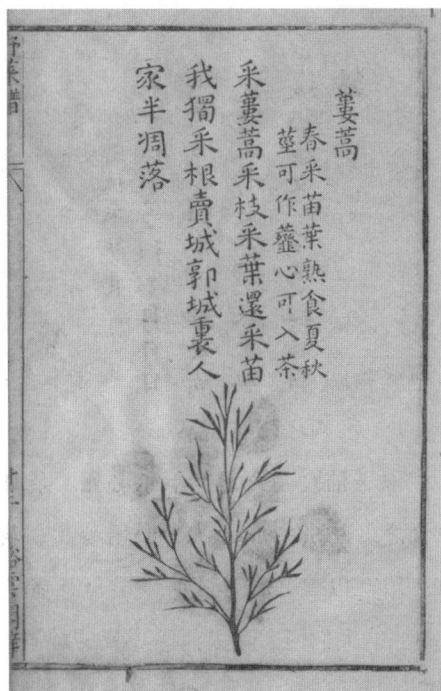

明·王磐《野菜谱》"蒌蒿"

借鉴了中国美食的日本人，他们在吃鱼方面该说有些后来居上的"化境"之意了。君不见如今日本的刺身（生鱼片）、寿司（生鱼片加饭团），哪一个不是广受欢迎？日式刺身里，河豚也是代表性美味：河豚除肉外，连皮带鱼白都是上佳的珍馐。两相比较，河豚皮的吃法，于中式是小片反卷成团，表皮在里，一口吞食。日式做法则有二：一是将内皮切成如白萝卜般的细丝蘸料吃；二是将其与蘑菇菜蔬等炖煮后冷冻一夜，制成鱼冻，各有滋味。至于河豚鱼白，一般更认为是超越豚肉的精华所在，在日本即所谓"盐烧白子"，亦是美食一道，中国古代则称其"西施乳"——清代小说《豆棚闲话》里夸耀"水中有西子臂、西施舌、西施乳"，分别指的就是水里出产的莲藕、蛤蜊、河豚鱼白；明代小说《三宝太监下西洋记》第二回，说到水族众生向燃灯老祖进贡品：

……山滲以独足献，蚌蛤以夜明献，南鳄以祭撰献，巨蜃以车渠枓斗献，獶貐以龙爪虎文献，窫窳以人面蛇身献，螫蛇以朱冠紫衣献，鲀鱼以西施乳味献。

语言很是佶屈聱牙，不过最后一名贡献者正是"西施乳"河豚鱼白，这也说明古人早就意识到此物美味了。虽然亦听说现在还有些人嫌弃出产部位不雅，不敢贸然食之，但如转念一想，其原理不过和吃蟹膏、蟹黄相似。

清·王翙绘《百美新咏图传》西施像

（十）聚会宴饮，螃蟹当行

螃蟹大概是国人除鱼虾外吃得最多的水产了。古往今来吃蟹之流行，甚至衍生出一套专门的吃蟹工具"蟹八件"，俨然一副需备好刀枪剑戟斧钺钩叉的架势，似乎唯此才能抗衡张牙舞爪又带硬壳的"蟹将军"。食蟹爱好者还专门写了些《蟹谱》《蟹略》之类的书，与他人分享养蟹心得或指点读者吃蟹。蟹肉鲜美有营养，甚至《聊斋志异》里的名篇《促织》讲人类养蟋蟀，"土于盆而养之，蟹白栗黄，备极护爱"，大概吃了蟹钳子肉的蟋蟀也格外有臂力。

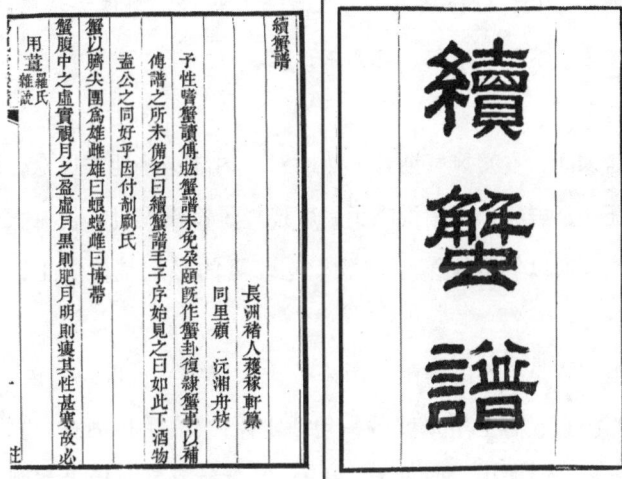

續蟹譜

長洲褚人穫稼軒纂
同里顧　沅湘舟枝

予性嗜蟹讀傅肱蟹譜未免棄頤既作蟹卦復隸蟹事以補傳譜之所未備名曰續蟹譜蕣毛子序始見之日如此下酒物盍公之同好乎因付剞劂氏

蟹以臍尖團為雄雌雄曰蜋蛬雌曰博帶

蟹腹中之虛實視月之盈虛月黑則肥月明則瘦其性甚寒故必

用薑
羅氏
雜說

《续蟹谱》书影，作者为清代小说家褚人获

吃蟹的历史，其实起源颇早。据《周礼》载，当时周皇室的餐桌上就有"蟹胥"一菜。不过，古代早时的吃蟹，可能是小规模的，或者说还没形成全民运动，影响有限，所以当时有人中意吃蟹，甚至还是一件可以记载的奇事。而一些地方大概是连蟹都没见过的，《世说新语》里说有个叫蔡谟的北方人，初来南方，大概听闻螃蟹美名，找来与之很像的"彭蜞"（péng qí，一种有毒的小蟹，不可食），结果整得他上吐下泻才弄明白二者有别。宋代沈括笔记小说《梦溪笔谈》里说：

> 关中无螃蟹。元丰中，余在陕西，闻秦州人家收得一干蟹。土人怖其形状，以为怪物。每人家有病虐者，则借去挂门户上，往往遂差。不但人不识，鬼亦不识也。

唐宋间，食蟹风气渐开，然而对于内陆一些地方民众，螃蟹究竟还是新鲜物，不用说吃了，就连样子都没见过，初见大概也会害怕，所以鲁迅说第一个敢于吃螃蟹的必定是位勇士，不无道理。

蟹与酒是绝妙的搭配，历来被士人赞赏。《世说新语》里，喜饮酒的豪放名士毕卓就曾一句话定评："右手持酒杯，左手持蟹螯，拍浮酒船中，便足了一生矣。"这算是开了后世蟹酒相配的先河。李白曾作诗曰"蟹螯即金液，糟丘是蓬莱"，也是一手持螯、一手共觞的潇洒姿态。宋代大家里，苏轼、黄庭坚和陆游等人，亦都是此中同好。明代郑板桥则说吃蟹得"蘸取姜醋伴酒吟"。至于小说家李渔，嗜蟹到在《闲情偶寄》里自称"蟹仙"，以至连腌醉蟹的酒也不肯放过，没蟹吃的时节里就靠着喝这"蟹酿"度日，直到来年螃蟹上市。由于螃蟹属性为寒，配饮热酒，不光口感好，也是调节人体两气平和之需要。《红楼梦》里，众人在蟹宴上吃得不亦乐乎，唯有林黛玉体弱，不过微微吃了一点，就得要热的合欢酒来配；同样在《金瓶梅》里，潘金莲也曾说"吃螃蟹得些金华酒"。

　　明清两代的吃蟹，就不仅停留于吃的层面了，还形成一种风雅的聚会。明末贵公子张岱在《陶庵梦忆》里说自己举办"蟹会"："一到十月，余与友人、兄弟立蟹会，期于午后至，煮蟹食之，人六只。"《儒林外史》第三十一回写名士杜少卿摆宴席，"内中有陈过三年的火腿，半斤一个的竹蟹，都剥出来除了蟹羹"，一看就是很讲究精致饮食但又不过分追求场面阔气的士大夫吃法。《红楼梦》第三十八、三十九两回，专门写贾府举办蟹宴：

　　周瑞家的道："早起我就看见那螃蟹了，一斤只好称两个三个。这么三大篓，想是有七八十斤呢。"周瑞家的道："要是上上下下只怕还不够。"平儿道："那里够？不过都是有名儿的吃两个子。那些散众的，也有摸得着的，也有摸不着的。"刘姥姥道："这样螃蟹，今年就值五分一斤，十斤五钱。五五二两五，三五一十五，再搭上酒菜，一共倒有二十多两银子。阿弥陀佛！这一顿的钱够我们庄家人过一年了！"

清·孙温绘《红楼梦》，画右所绘正为蟹宴

食蟹的传统方式，自然是活蟹清蒸，存其本味，厨艺零基础者亦可操办，而且这被认为是最地道的烹蟹之法。老饕李渔在其《闲情偶寄》中就对其他烹蟹法嗤之以鼻：

蟹之为物至美，而其味坏于食之之人。以之为羹者，鲜则鲜矣，而蟹之美质何在？以之为脍者，腻则腻矣，而蟹之真味不存。更可厌者，断为两截，和以油、盐、豆粉而煎之，使蟹之色、蟹之香与蟹之真味全失。此皆似嫉蟹之多味，忌蟹之美观，而多方蹂躏，使之泄气而变形者也。世间好物，利在孤行。蟹之鲜而肥，甘而腻，白似玉而黄似金，已造色香味三者之至极，更无一物可以上之。和以他味者，犹之以燔火助日，掬水益河，冀其有神也，不亦难乎？凡食蟹者，只合全其故体，蒸而熟之，贮以冰盘，列之几上，听客自取自食。剖一筐，食一筐，断一螯，食一螯，则气与味纤毫不漏。

然而这也不能胶柱鼓瑟，做不得半点变通。即使是李渔，他也还是十分喜欢另一种方法制作而成的蟹：醉蟹。他说："予因呼九月、十月为'蟹秋'。虑其易尽而难继，又命家人涤瓮酿酒，以备糟之醉之之用。糟名'蟹糟'，酒名'蟹酿'，瓮名'蟹瓮'。"醉蟹其实就是腌制而成。欧阳修笔记《归田录》里记有一种"盐酒蟹"，做法是一缸装上几十只蟹，"以皂荚半挺置其中"腌制，估计今人闻所未闻。此外还有糖蟹、蜜蟹、醋蟹等，甚至还有《山家清供》里出现的"蟹酿橙"，均属腌蟹，其目的都是以调料之味去蟹之腥味，达到中和之美。

《醒世姻缘传》第五十八回里，说到一种吃炒蟹的方法：

第二道端上炒螃蟹来。相栋宇说："咱每日吃那炉的螃蟹，乍吃这炒的，怪中吃。我叫家里也这们炒，只是不好。"狄员外道："这炒螃蟹只是他京里人炒的得法，咱这里人说他京里还把螃蟹外头的那壳儿都剥去了，全全的一个囫囵螃蟹肉，连小腿儿都有，做汤吃，一碗两个。"

把蟹壳去掉炒着吃，虽说吃着方便，但想来口感未必好。梁实秋《蟹》文里就曾说，在餐馆里吃"炒蟹肉"："有肉有黄，免得自己剥壳，吃起来痛快，味道就差多了。"以蟹观之，大概算是为数不多需得自力更生才好吃的食物，这道理就如同嗑瓜子，换做旁人来服侍剥好，奉上一碟瓜子仁，固然省下些许力气，但兴味全无。袁枚在《随园食单》里就说，蟹宜"自剥自食为妙"。《红楼梦》第三十八回写贾府蟹宴，下人要帮忙动手除蟹壳，薛姨妈就说"我自己掰着吃香甜，不用人让"。毕竟，人的进食行为，需得有运动和歇息的过渡，循环往复，才能"保持饥饿感"，这可能跟劳作之后吃饭特别香的道理类似吧。

又如《金瓶梅》第六十一回，西门庆请客，菜肴里头介绍了一种"螃蟹鲜"，说是"鲜"，但实则并无新鲜味儿：

> 西门庆令左右打开盒儿观看：四十个大螃蟹，都是剔剥净了的，里边酿着肉，外用椒料姜蒜米儿团粉裹就，香油煠，酱油醋造过，香喷喷，酥脆好食。……须臾，大盘大碗摆将上来，众人吃了一顿。然后才拿上酿螃蟹并两盘烧鸭子来，伯爵让大舅吃。连谢希大也不知是甚么做的，这般有味，酥脆好吃。西门庆道："此是常二哥家送我的。"大舅道："我空痴长了五十二岁，并不知螃蟹这般造作，委的好吃！"

第二道上的是酿螃蟹，这个不论；而第一道菜做法就奇怪多了。众所周知，吃蟹以原味为佳，可暴发户西门家的这种烹蟹之法，非但不是吃蟹之本味，恐怕更接近"油炸裹粉蟹壳酿肉丸子"，难怪旁人也要说此法"造作"。毫无疑问，这样的吃法，倘若是清流士大夫，必定会嗤之以鼻，不过这道蟹肴却颇符合西门氏在吃喝上的一贯定位：看似精致，实则杂乱，花样繁多，然而不妨碍其意外地好吃、实际。

此外，蟹黄也是珍馐。宋代笔记小说《清异录》里有个故事说，五代时后汉皇帝刘知远的儿子刘承勋，极爱吃蟹黄，每次吃蟹，只取圆壳中的蟹黄部分，余者丢弃。亲友说前人都喜吃蟹之二螯，劝刘氏也尝试吃一些，结果此君说："十万白八（按：蟹有八只白足），敌一个黄大不得。"当然，刘承勋贵为皇室，想要任性只吃蟹黄，下人自然无可奈何。《红楼梦》的蟹宴里，还写到丫头平儿打闹，拿蟹黄来糊脸，若是刘承勋看在眼里，想必会心痛不已呢。另外，很多人都知道，吃尽蟹黄，壳里头还藏有"蟹和尚"，亦叫"蟹仙人"。实则是螃蟹的胃囊，它自然是不可吃的，但小孩子多喜欢探究这个藏匿颇深的蟹仙，其有趣的样子也带出不少传闻，流传最广者，就如鲁迅撰文所说，小说戏曲里常见的法海和尚，要躲进蟹壳里避祸而化成。《搜神记》说："蝤蛑，蟹也。尝通梦于人，自称'长卿'。"不知后世认为蟹里藏有仙人，是否和此记载有关？

宋·陶谷《清异录》书影，此书多载饮食掌故

（十一）食素正风潮，门道亦不少

"肉食者鄙"，这句出自两千多年前的话，到如今似乎成为素食主义者指摘食肉者理直气壮的理由之一。

"素食"，在当今早已掀起一股风潮，这股风潮其实主要是现代社会的农业大发展带动的结果——食物充足，人吃得多了想减肥。几年前风靡全球的迪斯尼动画电影《机器人总动员》可谓相当具有前瞻性，动画里描述的700年后的人类，大多肥头大耳、四体不勤，需借助仪器设备才能"走路"，辛辣讽刺了人类过分依赖科技所造成的恶果，大约也有嘲讽胖子们吃肉过多的意味，上映后甚至遭到肥胖权益保护组织的抗议，认为有歧视肥胖人士之嫌。

　　与西方社会相比，中国人对素食的接受程度似乎要广泛得多，这与中国人善于农耕，使得中国在历史上经历了数次可食用作物种类爆发性增长有关。古时，如墨子所云还处在"古之氏未知为饮食，时素食而分处"，其实古时无论食荤、食素都是为了果腹保命。《诗经》中有些关于野菜的描写，在那个食物并不丰富的时代，这也正常。

　　到了宋代，素食才真正成为一种时尚。宋人笔记《东京梦华录》《梦粱录》等对此记录颇多。《梦粱录·面食店》记当时的素食菜肴："又有专卖素食分茶，不误斋戒，如头羹、双峰、三峰、四峰、到底签、蒸果子、鳖蒸羊、大段果子、鱼油炸、鱼茧儿、三鲜夺真鸡、元鱼、元羊蹄、梅鱼、两熟鱼、炸油河鲀、大片腰子、鼎煮羊麸、乳水龙麸、笋辣羹、杂辣羹、白鱼辣羹饭。又下饭如五味熬麸、糟酱、烧麸、假炙鸭、十签杂鸠、假羊事件、假驴事件、假煎白肠、葱焙油炸、骨头米脯、大片羊、红熬大件肉、煎假乌鱼等下饭。素面如大片铺羊面、三鲜面、炒鳝面、卷鱼面、笋泼刀、笋辣面、乳齑淘、笋齑淘、笋菜淘面、七宝棋子、百花棋子等面，皆精细乳麸，笋粉素食。"其中以肉食名目出现的食物，其实大多是素食。都城里出现专卖素食的面店，琳琅满目的素菜菜品，足以说明社会上吃素的风气已很流行。

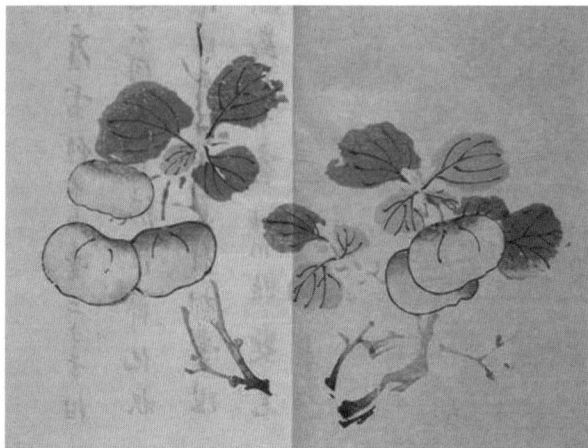

《十竹斋书画谱》所画瓜果

到了明清两代，素食俨然成了一门学问，当然对一些文人而言，也不乏他们标榜风流的意味在其中。像李渔不光好声色犬马，也精通饮食，也不忘在《闲情偶寄》里声明："吾谓饮食之道，脍不如肉，肉不如蔬，亦以其渐近自然也。"名士袁枚更是著名的吃货，他的《随园食单》也少不了素食的一席之地，专门列"杂素菜单"收录了八十多种素食的制作方法。清代更出现了《素食说略》这样收集了两百多道素菜的集大成者。按常理说，李渔是个游戏人间的卖文高手，袁枚是个被指责败坏社会风气的不羁才子，他们这样的人在饮食上，应该也是重酒肉大于素食的，若不是刻意标榜，那怎能说明素食有不少好处呢？在明代，甚至皇家也很喜欢不时来点素食调调口味。晚明大太监刘若愚所撰，专记皇宫内廷事的笔记《酌中志》载御膳房的素菜原料：

素蔬则滇南之鸡㙡，五台之天花羊肚菜、鸡腿银盘等蘑菇，东海之石花海白菜、龙须、海带、鹿角、紫菜，江南蒿笋、糟笋、香蕈，辽东之松子，苏北之黄花、金针，都中之土药、土豆，南都之苔菜，武当之鹰嘴笋、黄精、黑精，北山之榛、栗、梨、枣、核桃、黄连、茶、木兰芽、蕨菜、蔓菁，不可胜数也。

不过，有一个现象却是不能不提的：中国古代的素食特别是素菜，常常喜欢安上与肉食有关的名称。这种例子很多，如上引《梦粱录》文有煎假乌鱼、假羊事件、假驴事件、假煎白肠、假炙鸭等。袁枚《随园食单》有素烧鹅、素火腿，其中的素烧鹅制法是："煮烂山药，切寸为段，腐皮包，入油煎之；加秋油、酒、糖、瓜姜，以色红为度。"清无名氏《调羹集》有素鳝鱼、素黄雀、素烧鱼、假鸽蛋，这些素菜的原料几乎都有豆腐和笋子，如素黄雀是"软腐皮切二寸方块，内包去皮核桃仁，以金针破开，束要，果油炸黄，下清水并酱油、香芃、青笋、菱白等，煮好起锅，加蘑菇、麻油"制成。

通俗小说中的例子也不少见。如《醒世姻缘传》第八十八回，李驿丞的厨子吕祥"到了年下，叫李驿丞开了一个大半单，买了许多鸡、鱼、藕、笋、腐皮、面筋之类，一顿割切起来，把菠菜捣烂拧出汁来，染的绿豆腐皮，红曲染红豆腐皮，靛花染蓝豆腐，棉胭脂染粉红豆腐皮，鸡蛋摊的黄煎饼，做的假肉、假鸡、假猪肠、假牌骨、假鸡蛋、假鹅头，弄了许多跷蹊古怪的物件"。既想要吃素另求滋味与健康，又忘不了荤食的美妙，于是就在名称上调和二者，权当"过屠门而大嚼"，这大约也是古人中庸之道的另类体现吧。

以古代小说里出现的素食描写频率而论，《西游记》当之无愧稳坐头把交椅，这与小说创作的背景、主题和人物身份有关。小说主要人物唐三藏师徒是受过剃度的出家和尚，斋戒方面不能打马虎眼；而一众次要人物，基本也都是位列仙班的道教人物，以道家修习奥义来说，素食养生少不了。如整部小说里最延年益寿的两种食物——蟠桃和人参果，也都是水果素食，可见小说的饮食描写是颇费苦心地配合着主题的。《西游记》里描写素食种类的场面甚多，试看二例。其一是第八十二回白毛老鼠精款待唐僧：

唐僧跟他进去观看，果然见那：盈门下，绣缠彩结；满庭中，香喷金猊。摆列着黑油垒钿桌，朱漆篾丝盘。垒钿桌上，有异样珍羞；篾丝盘中，盛稀奇素物。林檎、橄榄、莲肉、葡萄、榧、柰、榛、松、荔枝、龙眼、山栗、风菱、枣儿、柿子、胡桃、银杏、金桔、香橙，果子随山有；蔬菜更时新：豆腐、面筋、木耳、鲜笋、蘑菇、香蕈、山药、黄精。石花菜、黄花菜，青油煎炒；扁豆角、豇豆角，熟酱调成。王瓜、瓠子，白果、蔓菁。镟皮茄子鹌鹑做，别种冬瓜方旦名。烂煨芋头糖拌着，白煮萝卜醋浇烹。椒姜辛辣般般美，咸淡调和色色平。

二是最后一回唐僧师徒四人返回中土，唐太宗设宴接待：

你看那：门悬彩绣，地衬红毡。异香馥郁，奇品新鲜。琥珀杯，玻璃盏，镶金点翠；黄金盘，白玉碗，嵌锦花缠。烂煮蔓菁，糖浇香芋。蘑菇甜美，海菜清奇。几次添来姜辣笋，数番办上蜜调葵。面筋椿树叶，木耳豆腐皮。石花仙菜，蕨粉干薇。花椒煮莱菔，芥末拌瓜丝。几盘素品还犹可，数种奇稀果夺魁。核桃柿饼，龙眼荔枝。宣州茧栗山东枣，江南银杏兔头梨。榛松莲肉葡萄大，榧子瓜仁菱米齐。橄榄林檎，苹婆沙果。慈菇嫩藕，脆李杨梅。无般不备，无件不齐。还有些蒸酥蜜食兼嘉馔，更有那美酒香茶与异奇。说不尽百味珍馐真上品，果然是中华大国异西夷。

读完这两段文字，虽然心中明白不过是些素食兼水果，但并不妨碍看官们口中生津流涎。从描写到的素食种类来看，涉及主食、副食、水果、饮品等，全面统治饭桌。

在《西游记》里，说"心猿"、说"八戒"、说五感，总不离一个"守戒"与"破戒"之间矛盾的对立和消解。对佛家弟子而言，食素似乎是应有之义，但佛教初传时，教义对斋戒的规则里，仅有像"过午不食"这样的要求，对肉食的限制似乎比较宽泛，乃至可以吃所谓"三净肉"，即"不见杀""不闻杀""不为我杀"的肉类，所以"酒肉穿肠过，佛祖心中坐"的和尚并不在少。比较起来，《西游记》唐三藏师徒要算模范了。《西游记》第二十四回中，五庄观二童子奉师命给唐僧献上人参果，唐僧眼瞅"果子的模样，就如三朝未满的小孩相似，四肢俱全，五官咸备"，不忍下口，其严守戒律简直过了头。不过，在唐代真有一道名为"雪婴儿"的菜品，当时具有传奇色彩的著名食单"烧尾宴"有介绍，说雪婴儿是"治蛙豆荚贴"，即将剥了皮的青蛙，和着豆子粉下锅油炸，摆上桌的样子就似白皙的小婴孩，模样和名称都有种荒诞的恐怖感，与素食完全不相干。

清康熙刊本《西游真诠》"观世音甘泉活树"

　　既然谈及和尚的"食"，我们也顺带聊聊他们的"饮"。僧尼饮茶，自不成问题，但能否饮酒，却又颇有一番争议。而饮酒，又带出一个也与素菜有关的"素酒"问题。比如上面提到唐太宗招待取经师徒时出现了"美酒香茶"，有人可能觉得没有大碍，说这未必是专门供应给唐僧师徒享用的，那我们再看这么两个相似但不同的情节：小说第十二回和第六十九回分别提到唐太宗和朱紫国国王劝唐三藏饮素酒一杯，唐僧虽然强调"酒乃僧家头一戒"，然而结果是应允了太宗，拒绝了朱紫国国王。看到这，读者难免要会心一笑了，实际上唐僧也是个"看菜下饭"的主，唐太宗请饮，唐僧大概觉得自家领导不好拂面，况且拿人的手软，难免却之不恭；到朱紫国国王那儿，既已救助对方，处于施恩者的立场，那么这位大和尚推辞起来就很是斩钉截铁了。从这里我们可以看到，在古代酒与食一样，也有荤素之分，那么区别何在？大概素酒指没有经过蒸馏工艺，仅是滤掉酒糟的粗酿低度酒，既不好喝，也不易醉，而且下酒物肯定是素食，所以和尚偶尔饮用些素酒，却并不算破戒。《西游记》第五十四回，女王设宴招待唐僧师徒，"那八戒那管好歹，放开肚子，只情吃起，也不管甚么玉屑米饭、蒸饼、糖糕、蘑菇、香蕈、笋芽、木耳、黄花菜、石花菜、紫菜、蔓菁、芋头、萝菔、山药、黄精、一骨辣嚷了个罄尽，喝了五七杯酒"。"喝了五七杯酒"却并没有被他那刻板教条的师父制止，这也很能说明问题了。

　　说到素食，亦不得不提素食界的当然代表、中国人之伟大发明：豆腐。豆腐此物，不独是我们中国人推崇了几千年，就是在西方人眼里，提起中国的美食，豆腐也是赫赫有名的。素食缘何与豆腐关系紧密？一者大概因为豆腐起源较早，一般认为发明于汉代，而当时又恰好是道家养生之术初现端倪的时代，打一开始就已经和素食文化纠缠在一起；二者也或许是因为豆腐是从作为主食的豆类制作而来——不单是菜，还可充当主食，这用处可就大了。

关于豆腐的发明，一般都把它归功于召集食客编就《淮南子》的那位淮南王刘安，认为豆腐的产生不过是桩美好的意外。刘安本意在炼丹求飞升，孰不知造就了这玩意，颇有点后世各种发明大多由科学家意外发现的传奇感。而中国传统文化对于素食者的描写，似乎因为他们隔绝了肉类，也就隔断了庸俗气和烟火气，有了些飘然的世外感。就像《西游记》描写唐僧师徒历经磨难，来到佛祖面前，吃了赐来的仙肴，返身回到长安，安歇在洪福寺中，此时的八戒反倒"也不嚷茶饭，也不弄喧头"，可以说是仙道后的自然结果，但这样的八戒，缺了他性格中可爱的一面，难免令人惋惜。

然而，豆腐虽便宜，倘若要让它精贵起来，方法也简单，往里拼命加佐料就行。如民国小说《清代宫廷艳史》第三十五回描写年羹尧家里接待一名王先生，他想吃豆腐脑，命厨子做来，王先生觉得美味，唤来询问原料，答曰"每一碗豆腐脑，用一百个鲫鱼脑子和着，才有这个味儿"，这大概属于小说的夸张笔法，我们且不多论。袁枚的《随园食单》里记有"八宝豆腐"，将这道菜归为康熙帝赐给退休尚书徐健庵的豆腐秘方，做法则是"用嫩片切粉碎，加香蕈屑、蘑菇屑、松子仁屑、瓜子仁屑、鸡屑、火腿屑，同入浓鸡汁中，炒滚起锅"，相对"百鱼豆腐脑"是比较实际了，却直逼《红楼梦》里王熙凤口中的"茄鲞"，都属于辅料之丰盛昂贵盖过主料的菜肴，只剩令人咋舌的份了。

豆腐可以说是一种万能的食物，这指的是：其一，它适用所有的烹调方法，无论煮、煎、炸、糟样样均可。顺便一提：几乎任何食物以高温烹煮，都是越煮越烂，唯有豆腐，是越煮越韧越硬。其二，豆腐几乎可以与任何食材配合，制成各种各样的佳肴。至于豆腐所起的主食作用，想必近代以来的国人感受更加明显。如孙中山先生一生提倡素食，对豆腐之神奇功效赞不绝口，乃至写进《建国大纲》："夫豆腐者，实植物中之肉料也，此物有肉料之功而无肉料之毒。"《笑林广记》记载了个有关豆腐的笑话，就是从素食兼主食的角度出发的：某人路遇饿虎欲食己，哀求说家里有肥猪一口可以代为献出，老虎答应了，随人至家。这位仁兄的老婆却不舍得猪，说道家里豆腐有很多，可以吃到饱。丈夫答曰："罢么，你看这样一个狠主客，可是肯吃素的么？"

古代小说中提及吃豆腐的情节，所在多有。《西游记》不必说，随便再举其他小说的一些例子。

《水浒传》中好汉们不喜素食，但也有例外，像神行太保戴宗就是。第三十九回写他在路上小店吃饭，就声明"不吃荤酒"，最后要了点"加料麻辣煨豆腐"来下饭，可惜那豆腐中放了别的

"作料"，把他给麻翻了。

《醒世姻缘传》第二十三回，致仕后悠游林下的杨尚书招待路过客人吃饭，食物是"一大碗豆豉肉酱烂的小豆腐、一碗腊肉、一碗粉皮合菜、一碟甜酱瓜、一碟蒜苔、一大箸薄饼、一大碟生菜、一碟甜酱、一大罐绿豆小米水饭"。第二十九回狄员外请真君吃饭，"端上斋来，四碟小菜、一碗炒豆腐、一碗黄瓜调面筋、一碗熟白菜、一碗拌黄瓜、一碟薄饼、小米绿豆水饭"。第三十四回，狄员外的饭桌上又是"两碗摊鸡蛋、两碗腊肉、两碗干豆角、一尾大鲜鱼、两碗韭菜㕦豆腐"。

《儒林外史》第二回，申祥甫"备了个豆腐饭邀请亲家"。第十六回，"匡超人每夜四鼓才睡，只睡一个更头乡便要起来杀猪，磨豆腐。……自此以后，匡超人的肉和豆腐都卖的生意又燥，不到日中就卖完了，把钱拿来家伴着父亲"。干脆是做豆腐卖。第二十回写牛布衣客死，老和尚为他下葬，"煮了一顿粥，打了一二十斤酒，买些面筋、豆腐干、青菜之类到庵，央及一个邻居烧锅"。第二十一回牛老儿和卜老爹喝酒，菜是"两块豆腐乳和些笋干、大头菜"。该小说类似描写还有许多。

《野叟曝言》第二十五回，"老尼吩咐备荤素两席，让又李等三人在左，素席不过豆腐、面筋之类"。第二十六回写张妈喊道："这更好了！将来银子多了，每日买他两块豆腐，多着些油，和你肥肥嘴儿。"豆腐成了穷人改善伙食之物。第一二三回文素臣招待天子吃饭，居然也有豆腐，而且"天子叹息良久，深赞豆腐之美，虽珍错何以过之"。皇帝老儿吃珍馐腻了，偶尔尝尝豆腐也是不错的。

《林兰香》第五十四回，贵族老爷耿朗家吃饭，"春畹令人送来酒肴五碗，与耿朗的两碗，一样是糟蒸桃花吐铁，一样是酥炙黄食鹌鹑。其余三碗，一碗是云屏爱吃的南煎十香豆腐，一碗是爱娘爱吃的北焖五料鲜鱼，一碗是彩云爱吃的京式百果猪肚"。也是有豆腐的。

《红楼梦》中的贵族们虽不怎么赏识豆腐，但有一款豆腐皮做的包子却很得贾宝玉中意，以致这包子被那托大的李奶妈拿走后，他大怒起来，要将李奶妈赶走。

如此看来，豆腐素食在中国饮食中的特殊地位，应是古今共识。如今，街头巷尾常有较便利而大众化的素食餐厅，其间菜品，往往不单中西混杂，而且已是广泛地借荤菜之名行素菜之实。这个中缘由也很浅显，倘若一边是"素菜臊子面"，另一边则标之"香菇黄瓜豆干面"，如若非素食主义者偶一为之，诸君认为哪一名称更能获得食客青睐呢？以笔者这样的"肉食动物"亲身经历来说，每每踏足素食店，点的菜品无非是"香辣鸡腿汉堡""宫保鸡丁""黑椒牛排"等，而这些鸡肉、牛肉呢，自然是豆腐而已。毫不夸张地说，以豆腐伪装肉类，现在的烹饪技术辅以调料，几可达到以假乱真的地步了，"鸡肉"吃出鸡丝感，"牛肉"有肉香有嚼劲，这正是豆腐"软硬通吃"所带来的好处。话说回来，拿豆腐这道素食伪装荤腥肉类属正常，却未曾想过还有反其道而行之，拿荤腥伪装豆腐的，不过这技术难度可就上升了不止一个档次——《西游记》第七十二回写盘丝洞女妖招待唐僧用的是"人油炒炼，人肉煎熬，熬得黑糊充作面筋样子，剜的人脑煎作豆腐块片"，这何止是骗不到"胎里素"的金蝉子和尚，简直连我们这等凡夫俗子都要闻之退避吧？

三、副食篇

谈论杂食，这个话题本身也是很"杂"的。中国的杂食数量之多，全世界无人能够厘清；即便我们在此把范围压缩到"古代小说中的杂食"，还是有点无从下手之感。别无良法，也只能再次"裁军"，挑选一些最有代表性的、以米面等为主加工制成的杂食说说了。

（一）阵容庞大的饼食

饼是种类繁多到数不胜数的大众食物。汉人刘熙《释名》说："饼，并也。溲麦面使合并也。"解释得太简略。《渊鉴类函》引《饼饵闲谈》曰："饼，搜瓷（cí）麦面所为，或合为之。入炉熬者名熬饼，亦曰烧饼；入笼蒸者名蒸饼，入汤烹之名汤饼。其他豆屑杂糖为之曰环饼，和乳为之曰乳饼。"分类详细了些，然而实际上何止这些？除了汤饼不是饼而是汤面外，胡饼、烧饼、炊饼、煎饼等，大概足以做饼家族里的代表了。

譬如胡饼，按字面意思来讲就是外国传进来的饼，自汉代开始传入。《续汉书》里记载"灵帝好胡饼，京师皆食胡饼"，可见上有所好，下必甚焉。史籍《晋书》写当时的名士王长文，赐大官给他不做，悄悄跑到街上蹲着啃食胡饼。到唐代国力强盛，民族融合程度更高，大概要算是历史上吃胡饼风气最盛的时代。白居易《寄胡饼与杨万州》写大诗人自己做饼是"胡麻饼样学京都，面脆油香新出炉"。笔记小说《唐语林》里，写大将军马燧与大诗人郎士元打赌，先去吃"古楼子"大饼，这饼做法很是豪放：用一斤羊肉裹到一层层的胡饼里，就上椒豉调料，抹好油烘烤，取出即食。此物让马燧这样的武夫都吃得"喉干如窑"，感觉大概跟今天吃重庆火锅相去不远。看来尽管是过了几百年，由汉至唐宋，京城里食胡饼的热度始终不减。

烧饼是再平常不过的饼类之一。《清稗类钞》里说光绪皇帝吃山珍海味腻了，要吃烧饼，那些太监们就到宫外买，回去禀报说是一两银子一个，其实一两银子可以买几百个了。同书另一则故事说，朱元璋坐在皇帝宝座上食烧饼，刚咬一口，刘伯温求见，朱元璋将烧饼藏于茶碗中，想起国师料事如神，玩心大起，令他猜碗中何物，刘乃口占一阕曰："半似日兮半似月，曾被金龙咬一缺。"这则杜撰的食饼传闻，后来被演为"烧饼歌"，从中倒也可看出两点：一是刘伯温的马屁拍得炉火纯青，只要想想明初开国元勋大多被皇帝整死，刘氏却得高位且善终，没有几分真功力不行；二来，也再次证明了烧饼的群众基础广泛，乃至从破庙乞丐翻身的朱重八念念不忘。

通俗小说中烧饼登场机会不少，而且从文字描写可看出它一直是性价比颇高的食物。《歧路灯》第四十回："话犹未完，小伙计抹桌，上了两盘子时菜，面条烧饼一齐上来。"今天的烧饼一般都不放馅，古时烧饼多在面上撒芝麻，有时就称为麻饼；同时有馅者不少，售价也很便宜。《儒林外史》第三十三回说杜少卿出门没带够钱，"因在茶桌上坐着，吃了一开茶。又肚里饿了，吃了三个烧饼，倒要六个钱"也就两个钱一个饼。《西游记》第十三回写唐僧在刘伯钦家辞别，"伯钦与母妻无奈，急做了些粗面烧饼干粮，叫伯钦远送"。第十八回写那猪八戒"食肠却又甚大，一顿要吃三五斗米饭，早间点心，也得百十个烧饼才够"。倘若不便宜，怕是供不起老猪吃饭了。

而炊饼是一种什么饼呢？小说里没有说明。宋人吴处厚《青箱杂记》说："仁宗庙讳'贞'，语讹近'蒸'，今内庭上下皆呼蒸饼为炊饼。"这应该是对的。《水浒传》中武松建议武大郎一天只卖五"扇笼"炊饼就回家，也说明此饼是用蒸笼制作的。陆游诗云"陶盘治米声叟叟，木甑炊饼香浮浮"，明确说炊饼是用木甑蒸的。他还有一首诗《屡雪二麦可望喜而作歌》说到炊饼："寒醅发剂炊饼裂，新麻压油寒具香。大妇下机废晨织，小姑佐庖忘晚妆。老翁饱食笑扪腹，林下击壤歌时康。"不仅说明他对炊饼的喜爱，也让读者知道炊饼是经过发酵后才蒸的。宋人周辉笔记《清波杂志》记宋高宗赵构"早晚食，只面饭、炊饼、煎肉而已"。宋人周密笔记《武林旧事》记赵构到大将张俊家做客，张俊招待他的食物中就有炊饼，而且还发放二万只炊饼给随行人员。炊饼居然是皇帝的主食之一，证明这饼在宋代很流行，而且是一种很平常的饼。

《水浒传》里写戴宗捉弄李逵，作法让黑旋风飞奔而停不下来，然后自己摸出几个炊饼在他面前吃，让李逵口水直流而没法吃到，这炊饼大概随便在一般小店中就能买到。有人说，炊饼其实就是后世的馒头，这说法可能不对。我们看宋代小说《宋四公大闹禁魂张》写："解开爊肉裹儿，擘开一个蒸饼，把四五块肥底爊肉多蘸些椒盐，卷做一卷，嚼得两口。"这蒸饼就是炊饼，它可以把一堆肉放在中间卷起来，当然不是馒头，馒头怎么能卷起来呢？炊饼应该是一种比较薄而宽的饼。《明史·太祖孝慈高皇后传》中也提到炊饼，说朱元璋早年跟随郭子兴时，被郭怀疑有异心而被囚禁，不给饭吃，他的妻子马氏急了，"窃炊饼，怀以进，肉为焦"，偷偷摸摸把刚出笼的炊饼藏在身上送去给朱元璋吃，那炊饼太烫，把她的肉都烫烂了。武大郎卖炊饼，本是《水浒传》中最不起眼的故事情节之一，然而在今天居然常常被提起，衍生出"武大郎开店"之类的歇后语，如今街头甚至可以买到"武大郎烧饼"来吃，风头直追景阳冈打虎故事。

煎饼与之类似，不过通常也称为"薄饼"或"面饼"。《儒林外史》第一回吴王访问名士王冕，"王冕自到厨下，烙了一斤面饼，炒了一盘韭菜，自捧出来陪着，吴王吃了，称谢教诲，上马去了"。这面饼是现烙的，应当就是煎薄饼。《儿女英雄传》第十四回："安老爷合公子也下来。只见两个车夫、三个脚夫，每人要了一斤半面的薄饼，有的抹上点子生酱，卷上棵葱；有的就蘸着那黄沙碗里的盐水烂蒜，吃了个满口香甜。"这种烙饼卷生大葱的吃法，今天在北方还很流行，但南方人不大吃得惯。五代笔记小说《北梦琐言》说，五代后蜀有一位富豪赵雄武，外号"赵大饼"，之所以得此"雅号"，是因为他家能造一种巨饼，"每三斗面擀一枚，大于数间屋。或大内宴聚，或豪家有广筵，多于众宾内献一枚，裁剖用之皆有余矣"。这种超级大饼虽不详其做法，但想来也只能是煎饼。今天陕西的大饼"锅盔"，虽然其厚、其硬、其大都属罕见，但就宽大这一点还是不能与赵大饼所制相比。有的煎饼不是一般的薄饼，《易牙遗意》介绍一种"卷煎饼"的做法是："饼与薄饼同。用羊肉二斤、羊脂一斤，或猪肉亦可，人概如馒头馅，须多用葱白或笋干之类，装在饼内，卷作一条，两头以面糊粘住，浮油煎，令红焦色。"光是卷饼中的馅料就有好几斤，这饼个头也不小，寻常人一餐肯定没法吃完。

　　饼之所以在古代大受欢迎，主要还有两个原因，一是能充饥，二是易保存，两个特点结合，令其成为干粮首选。《资治通鉴》等历史著作里常见一则故事，说唐玄宗因安史之乱出逃，到了大中午都没吃上饭，关键时刻杨国忠首先"自胡饼以献"，虽然买饼花不上几个钱，不过其心可鉴，到底算是个忠人君尽人事的臣子，后世之所以对这个战乱导火索人物褒贬不一，持同情态度的那方所列出的理由里，似乎也有送饼吃这一条在内。《聊斋志异》里有一篇《粉蝶》，写仙女赠琼州人阳曰旦"糗（qiǔ）粮"（干粮），送其海路返乡。阳生路上检视，发现干粮仅供一日之足，心里顿时埋怨，肚子虽饿，却不敢多吃，生怕一下子吃光，等到不得不吃，阳生"但啖胡饼一枚，觉表里甘芳。余六七枚，珍而存之，即亦不复饥矣"。另一篇《花姑子》，写安姓书生因思念花姑子成疾，形销骨立，眼看要病危，花姑子来探视，塞了几个蒸饼给他。到半夜，安生肚饿，拿出大饼就食，小说形容为"不知所苞何料，甘美非常，遂尽三枚"，奄奄一息的文弱书生，一口气吃光三个饼，几天过后居然完全康复。饼做干粮，已然成共识，倘若再为仙人所赠，充饥之效又要比凡间常品好上许多。至于聊斋先生本人，更对饼情有独钟，他写过一篇《煎饼赋》为饼大颂赞歌：

杂之以蜀黍，如西山日落返照而霞蒸，夹以脂膏相半之豚胁，浸以肥腻不二之鸡羹。晨一饱而达暮，腹殷然其雷鸣。借老饕之一啖，亦可以鼓腹而延生。

以蒲松龄之拮据，要吃上这种成本高昂、夹着鸡肉浸着鸡羹的煎饼的机会大概不多，想必逮着机会的他，一定痛快大嚼，以求"晨一饱而达暮"。

清·朱湘鳞绘蒲松龄画像

　　唐传奇小说集《河东记》里，有一篇题为《板桥三娘子》的故事，再次证明了大饼之神奇魔力。故事颇有趣，原文较长，这里略说大意：在开封的板桥当地，有一间生意很好的旅店，这家店的老板叫三娘子。某天有一位叫赵季和的客人来投宿，赵生半夜失眠，听闻隔壁发出窸窣之声，寻隙观之，发现三娘子从一匣内取出各约六七寸大小的几样东西：一副农具、一木偶牛、一木偶人、一副磨具。三娘子操纵木偶耕地，又取荞麦种子播下，转瞬即花发麦熟。三娘子令小人收割，又将麦磨成面，做成烧饼。天亮后，三娘子将烧饼送与住店客人吃，赵生从旁偷窥，惊讶地看到吃饼之人变成驴子。后赵生想出一计，假意要吃烧饼，却暗中先拿一枚普通烧饼替换，接着反诱三娘子吃下自己做的烧饼，三娘子立即变成毛驴，赵生收服它后离开。

这个故事，再次说明了古代社会吃饼的广泛程度。在日本民间传说里有一则"旅人马"的故事，与之颇为相似，十之八九是三娘子的故事漂洋过海为东洋人化用。所不同者，只是将驴换成马，荞麦替为稻种、做出年糕代替烧饼——说到底，也不过是粉面相争历史的又一桩案例而已。

以明清两代几部最杰出的通俗小说而论，《水浒传》《西游记》《儒林外史》大概是谈"饼"最多的几部。原因似乎也很好理解：《水浒》主要写宋代平民百姓；《西游记》的主角是长途跋涉、风餐露宿的唐代和尚；《儒林外史》写的是接地气的穷书生的百姓生活，文字里头像橘饼、烧饼之类的便宜货随处可见。总之，从这些小说的背景和角色设定来看，各色饼食的出现场合毫不突兀又符合实情。

写饮食极多的世情小说《金瓶梅》里，描绘饼食更为得心应手。略为列举其中饼食，有粮饼、酥饼、炊饼、蒸饼、卷饼、荷花饼、玫瑰馅饼、蒸酥果馅饼、玉米面玫瑰果馅蒸饼、顶皮酥果馅饼、玫瑰鹅油烫面蒸饼等，甚至还有"朝廷上用的果馅椒盐金饼"。当然，在土豪西门庆家里，饼大多时候早已脱离填饱肚子的功用，跻身高档点心了。与之相映成趣的是《红楼梦》，写饼反倒稀少，仅见描述者，除去中秋应景吃月饼的情形外，也不过说到袭人私下拿"两个梅花香饼儿"给宝玉吃——还必须得丫鬟拿给男主子，想来贾府炊金馔玉，曹雪芹见不得妙龄女子捧起饼来大快朵颐，略嫌不雅吧。

（二）来历恐怖的馒头

在今天，馒头与包子是差异很大的两种食物，最重要的区别在于馒头无馅而包子有馅。但在古代，馒头与包子之间往往界限模糊，"你中有我，我中有你"。

馒头的起源，据说始于大名鼎鼎的诸葛亮先生。这个传闻被《三国演义》采纳，小说第七十一回诸葛亮七擒七纵平定孟获后回军，在泸水边却因风浪滔天不能渡河，诸葛亮问孟获怎么办，孟获说历来都要用四十九颗人头来祭祀河神，方可无事：

孔明曰："本为人死而成怨鬼，岂可又杀生人耶？吾自有主意。"唤行厨宰杀牛马，和面为剂，塑成人头，内以牛羊等肉代之，名曰"馒头"。当夜于泸水岸上，设香案，铺祭物，列灯四十九盏，扬幡招魂；将馒头等物，陈设于地。

结果安然渡河，那些冤魂厉鬼们似乎也颇喜欢这种新型"馒头"，于是馒头便发明了。当然，对这一馒头起源故事，我们也拿它当故事看好了，不必当真。不过从"馒头"又名"馒首"这点看，这故事似乎也是事出有因。我们由此也可得知，早期的馒头，是有肉馅的。

清·陆谦绘《水浒百八像
赞临本》武松像

宋人叶梦得笔记小说《避暑录话》卷下有两则故事与馒头有关。一则说北宋有一法名净端的和尚，很有点名气，宰相章惇请他吃饭，上饭的仆人放了一碟馒头在和尚面前，和尚照吃不误，章惇就问他为什么也吃馒头，和尚装痴："端徐取视曰：乃馒头耶？怪饼馅乃许甜。"和尚不应吃肉，这就反证那馒头是有肉的，所以章惇才问他为什么也吃馒头。另一则乃是笑话，说一穷书生从未吃过馒头，却又无钱买，心生一计，在馒头店门口大叫一声倒地。店老板扶起这个穷书生，惊问其故，答曰："我一向怕见馒头这可怖之物，所以晕倒。"老板觉得此事太难相信，就找了间空屋把书生和几十个大馒头放进去，在外边等着看笑话。久之，未见动静，推门进去，见馒头已吃掉大半。

店家诘问，答曰："不知何故，现在突然不怕它了。"店家才知中计，斥问："你还有什么怕的没？"再答曰："无他，现在就只怕苦茶两碗。"这个故事中的馒头想来也是有肉馅的，否则不至于有如此诱惑力。

但宋代馒头也有无馅或至少是没肉的。宋代文言小说集《夷坚志》里有篇故事《昭惠斋》，说某村设斋，一孩童偷拿作斋食的馒头藏于腰间，赶路回家。途中天降雷电击中他，以为必死，结果不一会却安然起身。旁人问起缘故，小童说：先被几百个神仙追赶，内有一老人问他为何偷馒头，他回答家有母亲候食，神仙视其为孝子而放归。这可以视为一个例证，因为既然是作斋食，那馒头就应该是没有肉馅的。而宋代笔记所记更能证明这一点，如《梦粱录》卷十六记京城饮食店卖的馒头，既有糖肉馒头、羊肉馒头、笋肉馒头、鱼肉馒头、蟹肉馒头等肉馅馒头，也有假肉馒头、笋丝馒头、菠菜果子馒头、辣馅糖馅馒头等素馒头，还有难辨荤素的炙焦馒头、灌浆馒头、裹蒸馒头、四色馒头、生馅馒头、杂色煎花馒头、太学馒头等。

至于《水浒传》中大名鼎鼎的人肉馒头，那自然是人肉馅了。老江湖武松在十字坡孙二娘店里吃饭，母夜叉问他要什么酒菜，并介绍说本店"有好酒好肉，要点心时，好大馒头"，武松是酒不问多少只管倒来，肉要三五斤，大馒头则要二三十个。等到馒头送上来：

武松取一个拍开看了，叫道："酒家，这馒头是人肉的？是狗肉的？"那妇人嘻嘻笑道："客官休要取笑。清平世界，荡荡乾坤，那里有人肉的馒头，狗肉的滋味？自来我家馒头，积祖是黄牛的。"武松道："我从来走江湖上，多听得人说道：'大树十字坡，客人谁敢那里过？肥的切做馒头馅，瘦的却把去填河。'"那妇人道："客官那得这话！这是你自捏出来的。"武松道："我见这馒头馅内有几根毛，一像人小便处的毛一般，以此疑忌。"

能把一件如此恐怖的事写得轻松诙谐，怕是只有《水浒传》《西游记》这样的伟大小说能做到了。

明·吴凤台刻《忠义水浒传》"母夜叉孟州道卖人肉"

到了清代，馒头基本上都是实心无馅的了。《清稗类钞·饮食类》说："馒头，一曰馒首，屑面发酵，蒸熟隆起成圆形者。无馅，食时必以肴佐之。"小说也有相应证据。《小五义》第五十七回："童儿说：'就是我吃两口就得了。拿馒头，有点好咸菜就行了。你可别看我们吃得少，先说明白了，两吊钱酒钱。'"咸菜下馒头，到今天还是常见的吃法。假如是有馅的，那还要吃咸菜干什么？《儒林外史》第二回写吃"长斋"的周进被人款待吃饭，对满桌鱼肉无从下箸，于是"厨下捧出汤点来，一大盘实心馒头，一盘油煎扛子火烧。众人道：'这点心是素的，先生用几个。'"实心馒头当然就是没有馅的。

明清时代，馒头已是最为便宜的大众食品了。《儒林外史》有些平民食物价格可供参考，比如写马二逛西湖，没钱买肉食和"极大的馒头"，只好"走进一个面店，十八个钱吃了一碗面"；第十八回则写抠门的娄中堂三公子去市场买菜，与人讨价还价：

三公子恐怕鸭子不肥，拔下耳挖来戳戳，脯子上肉厚，方才叫景兰江讲价钱买了，因人多，多买了几斤肉，又买了两只鸡、一尾鱼，和些蔬菜，叫跟的小厮先拿了去。还要买些肉馒头，中上当点心。于是走进一个馒头店，看了三十个馒头，那馒头三个钱一个，三公子只给他两个钱一个，就同那馒头店里吵起来。

馒头作为受中国人民欢迎的食物，流行了上千年，因其有得天独厚的优势。一者制作成本低廉，价钱便宜；二者能填饱肚子。读者们不免发问：哪种主食不能填饱肚子，馒头有特殊能耐？原因在于，馒头作为面粉的发酵产物，究其机理，亦与西方的面包有几分相似。面遇水则膨胀，容易产生饱腹感，所以旧时平民百姓喜吃馒头。《儿女英雄传》中，十三妹杀完匪徒后，"风卷云残吃了七个馒头，还找补了四碗半饭"；回到安公子家，眼看要成为安少奶奶：

张姑娘道："还是那个属马的。——姐姐吃饭罢。"姑娘这才不言语了，低着头吃了三个馒头、六块栗粉糕、两碗馄饨，还要添一碗饭。张太太道："今儿个可不兴吃饭哪！"姑娘道："怎么索兴连饭也不叫吃了呢？那么还吃饽饽。"说着，又吃了一个馒头，两块栗粉糕，找补了两半碗枣粥。

如此一看，这位女中豪杰饭量很是了得。

《西游记》中，馒头经常出现在唐僧师徒的食谱上。八戒对食物向来是来者不拒的，但待到取经成功、修成净坛使者后，反倒食量变小，吃起馒头等斋饭来了，似换了一副面貌。第九十九回写道：

八戒笑道："我的蹭蹬！那时节吃得，却没人家连请十请；今日吃不得，却一家不了，又是一家。"饶他气满，略动手又吃过八九盘素食；纵然胃伤，又吃了二三十个馒头，已皆尽饱。

纵使如八戒食量无边，大概成了佛，心性收敛，又吃上许多馒头，也撑到动弹不得，难免"胃伤"。民间素有说法，吃一个馒头再喝水，顶得七个馒头。在由余华小说《活着》改编的同名电影里，主角福贵请刚从牛棚放出来的医院老教授给儿媳接生，给饥肠辘辘的教授买了七个馒头，并叮嘱他千万慢点吃，且不要喝水，结果走开不一会，回头却发现教授已把馒头吃尽，撑得昏死过去，真是成也馒头，败也馒头。

读过鲁迅小说《药》的人都知道，小说中华老栓相信人血浸过的馒头可治肺痨病，于是用大价钱向刽子手买来人血馒头给他儿子吃，结果人财两空。事实上这种故事在古代小说中已有，清袁枚小说集《子不语》中有一篇《还我血》，就有这一情节：

> 刑部狱卒杨七者，与山东偷参囚某相善。囚事发，临刑，以人参赂杨，又与三十金，嘱其缝头棺殓。杨竟负约，又记人血蘸馒头可医痨（zhài）疾，遂如法取血，归奉其戚某。甫抵家，忽以两手自扼其喉大叫："还我血！还我银！"其父母妻子烧纸钱延僧护救之，卒喉断而死。

"痨疾"正是指肺痨病。鲁迅是喜欢读古代小说且多有借鉴的，或者是受袁枚这篇小说影响也说不定。又如他的《故乡》中那位"豆腐西施"的名字，也是从清代小说《何典》中借来的。

（三）包子：内容定身价

前文说到，今天的馒头与包子，主要区别在于馒头无馅而包子有馅；而古代的馒头，既有有馅的，也有无馅的。至于包子，则自始至终都是有馅的。

真正的包子，大约是到宋代才有。但宋代之前的文献中似乎也有包子出现，不过那是另外一种食物。《太平广记》卷二三四有一篇《尚食令》，出自唐代笔记体小说《卢氏杂说》，说有一官员冯给事遇到一位自称曾在"尚食局"供职的老厨师，给他制作一种食物：

取油铛烂面等调停。袜肚中取出银盒一枚，银箆子、银筱篱各一。候油煎熟，于盒中取包子馅，以手于烂面中团之，五指间各有面透出。以箆子刮却，便置包子于铛中。候熟，以筱篱漉出。以新汲水中良久，却投油铛中，三五沸取出。抛台盘上，旋转不定，以太圆故也。其味脆美，不可名状。

这种"包子"，形状极圆、无馅，先水煮后油炸，有人认为就是一种包子，但从其描述看，很显然有包子之名而无包子之实，与现在的包子不是一回事，大概算是一种油炸面团。

清代褚人获小说《隋唐演义》第七十四回中，大将秦怀玉为祖母庆寿办酒席，自然少不了鱼肉之类，可是当时女皇帝武则天下旨禁止屠宰，吃肉是犯禁的。于是第二天就有参加宴请的小人带着秦家的肉包子去向武则天告密。武则天召见秦怀玉：

太后道："昨日在家宴客乎？"怀玉奏道："臣父因祖母年高，欲弄孙以娱之，偶召亲故小饮，不识陛下何以闻知？"太后命左右将那肉馅包子与他

清康熙刊本《无双谱》"伪周皇帝武曌"像

看，笑道："此非卿家筵上之物耶？张拾遗虽欲为卿隐蔽，其如有怀肉出首之人何？"怀玉与张德俱大惊，叩头道："臣等干犯明禁，罪当万死。"

此事如果属实，则唐代就已有包子。不过这是清代小说中的情节，不宜就视为史实。

北宋前期肯定已经有了包子。北宋人王栐的笔记《燕翼诒谋录》载，大中祥符八年（1015）二月丁酉日，真宗皇帝因为生了儿子（即后来的宋仁宗），大喜，赏赐前来贺喜的大臣们每人一

个包子，那包子的馅，全是"金珠"。这可能是史上最为名贵的包子了。由此可以知道，那时的包子已经出现在皇帝后妃们的餐桌上了。

到了南宋，包子的制作越发精致。宋人罗大经笔记《鹤林玉露》说，有一个士人在京城买了一个妾，这小妾自称本是"蔡太师府包子厨中人"。蔡太师就是著名奸臣蔡京，他的厨房中专门设有"包子厨"。有一天，士人吩咐小妾做包子，小妾却说自己不会做，士人大感诧异：你不是包子厨中的专业人员么？答曰：我在包子厨中只负责处理葱丝而已，其他事不会。由此事可见蔡京的排场之大：不但厨房各分专门，而且每一厨房中还另有多种专业分工。如包子厨，既然处理葱丝都有专人，那么做馅料、擀面皮、包制、蒸制、配料管理、采购等，当然也必是专人负责了。

至于一般人吃的包子，不会有这般讲究。宋代市面上出售的包子品种多样，如宋人吴自牧笔记《梦粱录》所记京城店铺所售数以百计的食物，其中包子就有薄皮春茧包子、肉包子、细馅大包子、七宝包儿、水晶包儿、笋肉包儿、虾鱼包儿、江鱼包儿、蟹肉包儿、鹅鸭包儿等。仅看名称，就令人食指大动。

明清小说中，包子是常见食物之一，更加平民化。《儒林外史》有关包子的描写就特别多。如第四十八回写迂腐的王玉辉在路上"饿了，坐在点心店里，那猪肉包子六个钱一个，王玉辉吃了，交钱出店门"。毕竟有馅，所以包子是比馒头略贵，但仍非常便宜。

大家都知道《儒林外史》有一位鼎鼎大名的严监生，坐拥万贯家财却又极度吝啬，临死前还要吹灭一茎灯草。小说第五回写他和人哭穷：

> 严致和道："便是我也不好说。不瞒二位老舅，像我家还有几亩薄田，逐日夫妻四口在家度日，猪肉也舍不得买一斤；每当小儿子要吃时，在熟切店内买四个钱的哄他就是了。家兄寸土也无，人口又多，过不得三天，一买就是五斤，还要白煮稀烂。上顿吃完了，下顿又在门口赊鱼。当初分家，也是一样田地，白白都吃穷了。而今端了家里梨花椅子，悄悄开了后门，换肉心包子吃。你说这事如何是好！"

把菜心包子换了"肉心包子"，就是奢侈了，也是不得不佩服这位抠门之王。

此外，《儒林外史》还特地写到古代科举考试时吃包子。如第二十六回写安庆府各官学考试，"共考三场。见那些童生，也有代笔的，也有传递的，大家丢纸团，掠砖头，挤眉弄眼，无所不为。到了抢粉汤、包子的时候，大家推成一团，跌成一块，鲍廷玺看不上眼"。第三十一回，骗子张俊民对韦四太爷说："不瞒太爷说，晚生在江湖上胡闹，不曾读过甚么医书，却是看的症不少，近来蒙少爷的教训，才晓得书是该念的。所以我有一个小儿，而今且不教他学医，从先生读着书，做了文章，就拿来给杜少爷看。少爷往常赏个批语，晚生也拿了家去读熟了，学些文理。将来再过两年，叫小儿出去考个府、县考，骗两回粉汤、包子吃，将来挂招牌，就可似称儒医。"——喝粉汤吃包子，本是给国家未来中流砥柱的优待，到了这帮弄虚作假的下流人那里就完全变了味儿。

因包子太过平民化，所以《红楼梦》中贾府仅出现一次，而且是一种特制的"豆腐皮的包子"，宝玉在贾珍家吃后觉得不错，留了一碟给晴雯，不料被那倚老卖老的李奶妈拿走，让贾宝玉很是光火。《金瓶梅》第四十二回，西门庆和一群帮闲吃饭，"西门庆只吃了一个包儿，呷了一口汤，因见李铭在旁，都递与李铭递下去吃了。那应伯爵、谢希大、祝日念、韩道国每人青花白地吃一大深碗八宝攒汤，三个大包子，还零四个挑花烧卖，只留了一个包儿压碟儿"。更特别的是第四十九回，西门庆遇到能制作春药的胡僧，叫人备好酒好菜给胡僧吃，食物中就有"一大盘裂破头高装肉包子"，如果仔细推敲那段文字，会发现这是作者拿一堆食物来形容男性器官，倒也是不落俗套的巧妙隐喻。

（四）馍馍：有馅无馅耶

馍馍也是国人常见的一种食物。电视节目《舌尖上的中国》里，有一位陕西老汉成天制作"黄馍馍"拉到城里卖，据介绍是用黄秫子面做的。看那模样与质地，与今天的馒头应是兄弟辈，颜色也与玉米馒头之类近似，只是比较粗糙。当今风行南北的"羊肉泡馍"的馍，却是一种相当考验牙齿的烤饼。而全国流行的"肉夹馍"，究其实质，也不过是两块烤面饼塞夹进几片肉罢了。

馍馍到底指的是哪种具体形态的食物，其实中国人自己也一直没太留意，所以含混地叫着，慢慢就这样过了千年。明代谢肇淛笔记《五杂俎·物部》说："饼，面餐也。《方言》谓之馄饨，又谓之餦。然馄饨即今馒头耳，非饼也。京师谓之馍馍。"说得很糊涂，把馄饨、馒头、馍馍（饙馎）混为一谈。《汉语大词典》有"馍馍"词条，然而所举例证全是现代文学作品中的，说明撰写者对这一食物的历史也不甚了了。

在古代，馍馍与馒头包子还是略有不同。比如说贵贱不同，馍馍主要是一种平民百姓的食品。《红楼梦》里没提到馍馍，连《金瓶梅》也没有。这东西主要是供大肚汉填饱肚皮，谈不上多少风味。《西游记》里，馍馍与烧饼、素馒头之类一样，也是唐僧师徒特别是猪八戒的主食之一。第四十八回写他们在通天河边告别陈家上路，"那两个老者苦留不住，只得安排些干粮烘炒，做些烧饼馍馍相送"。第六十七回写一行人遇到烂泥路无法走，只能借力于猪八戒，"行者道：'既如此，你们去办得两石米的干饭，再做些蒸饼馍馍来，等我那长嘴和尚吃饱了，变了大猪，拱开旧路，我师父骑在马上，我等扶持着，管情过去了。'"

今天的馍馍，肯定是没有馅的。但古代馍馍的情况就比较复杂了。《清稗类钞·饮食》说："馎馎，饼饵之属。北人读如波波，不读作勃字之本音也。中有馅。一作馍馍。"认为馍馍是有馅的。然而古代小说中不难找到相反的例子，《西游记》中不时写到的唐僧师徒吃的馍馍，应该是没有馅的——至少是没有肉馅的。第八十五回写："行者道：'前面不远，乃是一庄村。村上人家好善，蒸的白米干饭，白面馍馍斋僧哩。'"这肯定是没馅的，顶多加点糖或盐等调味品。但第五十五回中蝎子精打算招待唐僧吃馍馍，向唐僧介绍菜单：

> 女怪道："荤的是人肉馅馍馍，素的是邓沙馅馍馍。"三藏道："贫僧吃素。"那怪笑道："女童，看热茶来，与你家长爷爷吃素馍馍。"一女童果捧着香茶一盏，放在长老面前。那怪将一个素馍馍劈破，递与三藏。三藏将个荤馍馍囫囵递与女怪。女怪笑道："御弟，你怎么不劈破与我？"三藏合掌道："我出家人，不敢破荤。"那女怪道："你出家人不敢破荤，怎么前日在子母河边吃水高，今日又好吃邓沙馅？"

其馍馍居然不论荤素都是有馅的——然而从女妖后边那句话看来，所谓"邓沙馅"其实也是肉类。不过这毕竟是妖怪，他们的饮食不好作为常人饮食的证据，况且上文所引猪八戒等人吃的烧饼馍馍，基本上可以肯定是没有馅的。

又《官场现形记》第三十四回写：

阎二先生要做出清正的样子，一到店忙叫店家把灯彩一齐撤去，人家送来的酒席，一概不收。问店里伙计要一碗开水，把带来的馍馍泡上两个，吃了充饥；同人家说："我们有干粮吃，还算过的天堂日子。将来走到太原那边，赤地千里，寸谷不收，草根树皮都没得吃，饿得吃人肉，那日了才不是人过的哩！"

馍馍能拿来泡水一起吃，恐怕也是没馅的，否则那口感得有多怪。

清代小说《绿野仙踪》第七回有一段吃馍馍的情节，煞是有趣：主角冷于冰投宿到教书先生邹继苏家里，邹请冷吃馍馍，冷于冰却不识为何物，于是言必用典的腐儒学究给他来了一套文绉绉的介绍：

（邹）又向于冰道："年台山路跋涉，腹饿也必矣，予有馍馍焉，君啖否？"于冰不解"馍馍"二字，想着必是食物，忙应道："极好！"先生向炕后取出一白布包，内有五个馍馍，摆列在桌上，一个个与大虾蟆相似。先生指着说道："此谷馍馍也。谷得天地中和之气而生，其叶离离，其实累累；弃其叶而存其实，磨其皮而碎其骨；手以团之，笼以蒸之，水火交济而馍道成焉。夫腥唇熊掌，虽列八珍，而烁脏壅肠，徒多房欲；此馍壮精补髓，不滞不停，真有过化存神之妙。"于冰道："小生寒士，今得食此佳品，叨光不尽。"于冰吃了一个，就不吃。先生道："年台饮食何廉耶？予每食必八，而犹以为未足。"

这"一个个与大虾蟆相似"的馍馍在邹继苏眼里，简直如同仙家珍物，所以赞不绝口，且一顿塞下八大枚还嫌不够。然而雅人阶层的冷于冰根本就不知道这种食物的存在，尽管饿得够呛也只能勉强吃下一个。这就很能说明馍馍的身份地位了。同时，那馍馍乃是"大虾蟆"的外形，并且是一种干粮，那就应该是实心窝头一类，没有馅的。

（五）嘲笑馄饨和吉利饺子

馄饨与饺子两物，常出现于国人餐桌上。现在看来，也有些南北颉颃的意思在里头。为什么呢？馄饨在中原发明，到如今，看似却是南方的馄饨——大概是为了简省笔画——亦名云吞，反倒后来居上，做得要比北方的精良许多。如福建沙县小吃遍布天下，招牌之一就是各种馄饨；广东的馄饨，最讲求的是一个"鲜"字，点上一份鲜虾蟹子云吞面，汤头鲜美自不必说。

馄饨与饺子，在历史上曾是一物。北齐名士颜之推说当时的馄饨"形如偃月，天下通食也"，偃月之半圆形，正是饺子典型特征，不过到后来就很明确地区分开来了。明代笔记小说《万历野获编·京城俗对》里写道："细皮薄脆对多肉馄饨，椿树饺儿对桃花烧卖。"意思是薄脆（即煎饼果子的脆皮）得皮细，馄饨就得多肉；如果饺子用椿树苗儿入馅，那烧麦就得配上桃花瓣在里头了。可能是笔者见识短，椿树馅饺子和桃花味烧麦都没吃过，但馄饨要多肉才够鲜美，这是大家都明白的道理。古代有个笑话，说一对夫妻，妻患病，夫问病中想吃什么，妻曰：好肉馄饨一二只即可。夫买回一大盘欲与妻同吃，转身取筷子回来，妻已吃到只剩一只。夫揶揄道：何不吃光？妻曰：如吃得尽，就不犯此病了。

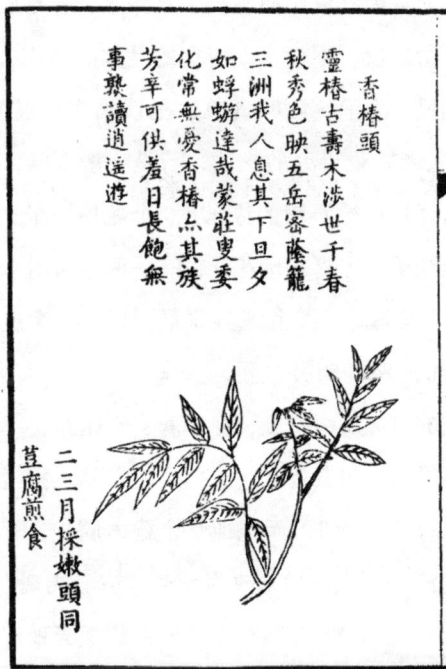

明·周履靖编《茹草编》"香椿头"

从今天的角度看，馄饨和饺子笼统说应属"同胞兄弟"——

都是"皮包肉"的主儿。但细分之下还是有区别：一是馄饨皮薄，饺子皮厚。二是馄饨馅料是以肉为主，而且一般没有素馅的品种；饺子的馅一般以配料为主肉为辅，同时也有素馅者。三是馄饨个小而饺子个大。

馄饨与饺子还有一大差别，在于重汤水。水饺只需入沸水反复几遍煮熟，而且因其皮厚而黏，一旦滞水，容易破相露馅，口感也受影响，所以饺子不带水，着重的是加醋、蒜、椒之类的蘸料。馄饨则相反，李渔《随园食单》里谈到吃小馄饨，"用鸡汤下之"，算是大老饕很讲究的吃法，若是一般百姓，热水加葱花撒盐，大概已算是口感不赖的佐汤。《金瓶梅》里，西门庆就特别喜欢吃馄饨饺子，也喜欢玩花样，有一回他吩咐春梅"把肉鲊（腌鱼）拆上几丝鸡肉，加上酸笋韭菜，和成一大碗香喷喷馄饨汤来"，这种做法略嫌市井气重，大概入不了士大夫们的法眼，但以升斗小民的口味略一想象，似乎着实不坏。

馄饨之名得来，与其近亲包子似也有关系。据说包子被诸葛亮发明后，点有"七窍"，而馄饨是个榆木脑袋，开不了窍，所以就继续"混沌"下去，后来改为食旁，演变成现在的词。《燕京岁时记》云："夫馄饨之形有如鸡卵，颇似天地混沌之象，故于冬至日食之。"当然，冬至才吃馄饨，那是古人生活比较拮据，找个借口攒到过节来一顿好吃的，放到现在，超市冻柜里比比皆是。

馄饨云"混沌"不开窍，大概也算食物因名受累的一例典

型。譬如《金瓶梅》里有两回，潘金莲骂了武大是"贼馄饨
（虫）"，大概就是说武大脑子太笨、"混沌"；倘若武大不是早给
毒死，估计一百回的小说能给骂上一百次"馄饨"。馄饨的形状
也常被人"取笑"。如古代小说里每每讲到捉人，无不是说捆成
个"馄饨样"。《水浒传》写宋江被两个公差押解乘舟，过浔阳
江，正撞上张顺、李俊等江洋大盗的地头，张顺不知三人来历，
想着杀人越货，就跟他们说：

> "你三个却是要'板刀面'，却是要'馄饨'？"宋江道："家
> 长，休要取笑。怎地唤做'板刀面'，怎地是'馄饨'？"那梢公
> 睁着眼道："老爷和你要甚鸟！若还要'板刀面'时，俺有一把
> 泼风也似快刀在这板底下。我不消三刀五刀，我只一刀一个，都
> 剁你三个人下水去！你若要'馄饨'时，你三个快脱了衣裳，都
> 赤条条地跳下江里自死！"

吃"面"还是"馄饨"，得做个选择。总之，捆起来像馄饨，
不捆起来整条投江，反正都表达一个案上鱼肉、瓮中捉鳖的意
味。同书里，鲁提辖拳打镇关西，用的计策就是找茬激将，令郑
屠花费一上午时间，各切了十斤精肉臊子和肥肉臊子——那时没
有绞肉机，郑屠自然是切得不胜厌烦，所以对鲁达说：切精肉大
概是提辖"府里要裹馄饨"，我可以理解；肥肉，我不理解，好
歹看面子切罢了；第三趟你却还要十斤半肥瘦的，这就"是可忍

孰不可忍"了，只好两下开打。

馄饨有馅，自然能做的花样也多。《太平广记》收录了一个传奇小说故事，说唐人李宗回去考进士，路上遇到一个奇人，能够预先知道他人将吃什么食物。两人结伴去见李的朋友华阴县县令，那位预言家说今天咱们在他家只能"各饮一盏椒葱酒，食五般馄饨，不得饭吃"，果然如此。而所谓"五般馄饨"，应该是五种不同馅料的

明·熊飞编、刘玉明镌刻《英雄谱·水浒传》"智深打镇关西"

馄饨。宋代诗人陆游作诗云："蒸饼犹能十字裂，馄饨那得五般来。"用的就是这个典故。陆游似乎觉得馄饨有五种已是难得，然而唐代名人韦巨源的饮食著作《烧尾食单》中更进一步："生进二十四气馄饨（花形馅料各异，凡廿四种）。"二十四种不同馅

料、不同形状的馄饨，这是更令人瞠目的豪门手笔了。

唐人高怿的笔记小说《群官解颐》云："岭南地暖，其俗入冬好食馄饨，往往稍暄，食须用扇。至十月，率以扇一柄相遗。故俗曰：'踏梯摘茄子，把扇食馄饨。'"这说明至少从唐代开始，馄饨就是岭南（主要是今两广地区）人的美食和杂食之一了。当然，并非只有岭南人吃。唐人段成式的笔记《酉阳杂俎》记京师美食中就有"萧家馄饨"，其特点是把馄饨从汤中舀出来后，那汤没有什么油水，还可以用来煮茶。不过，这并不等于说馄饨的历史只有一千多年，应该还长得多。

馄饨好吃，如果邻居某家做得特别好，名声大噪，引得街坊观摩，怕也是会不堪其扰。明冯梦龙笔记小说《古今谭概》里有个"制馄饨法"的故事，说元人乔篑成因家里馄饨做得太好吃，亲戚朋友经常上门求吃，实在烦人，忍无可忍之下，只得割爱：

一日，于每客前先置一帖，且戒云："食毕展卷。"既而取视，乃置造方也，大笑而散。自后无复索者。

乔氏身为当时的收藏家，家底丰厚，供亲朋吃馄饨，经济方面大概没有压力，但家里整天坐着一群公然揩油的家伙毕竟不是长策。所谓"授人以鱼不如授人以渔"，干脆把秘方公开了，这伙人总不至于还有厚脸皮上门白吃了吧。

接着聊聊饺子。

北方俗话说："好吃不过饺子，舒服不如躺着。"饺子的历史，按王仁湘先生在《百家讲坛》里的说法，上可追溯到先秦春秋时期，至晚不过唐代，基本能做出和现在一样的半圆形饺子了。

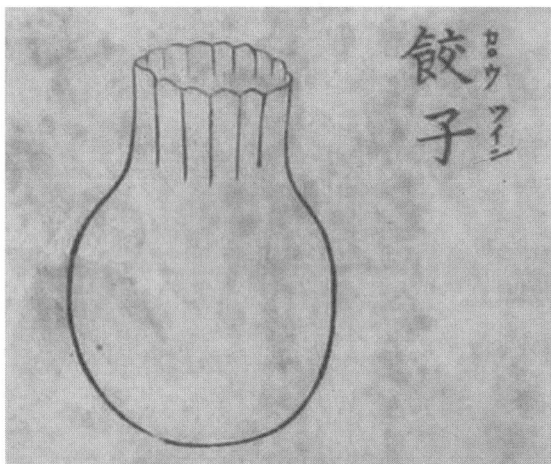

日·石崎融思绘《清俗纪闻》"饺子"

饺子别名"交子""角子""角儿"，有时还称"扁（匾）食"。饺子谐音"交子"，放在旧时，可在除夕新年交际食用，寓意辞旧迎新；又因形似元宝，有发财之意，所以很有彩头，颇受欢迎。民间有习俗，过年包饺子时，拿一枚铜钱（现多用硬币）包入其中一只，吃到的人一整年有福又生财。明人刘若愚《酌中志》卷二十《饮食好尚纪略》记载：

正月初一五更起，焚香放纸炮，将门闩或木杠于院地上抛掷三度，名曰"跌千金"。饮椒柏酒，吃水点心，即"扁食"也。或暗包银钱一二于内，得之者以卜一年之吉。

这风俗早在明代皇宫就流行了。不过，如今的饺子做得愈发精致，个头都比较小，要拿来包硬币不很容易——曾看过某电视节目，主持人如法炮制，最后勉强成功，可是那只饺子，怎么看都像饺子队伍里暗结珠胎的那一个，叫人想认不出都难。

饺子叫作"扁食"的这个称法，最初只存在于山西、山东等地，按理来说该是很小众的，然而到底因饺子好吃，乃至明人刘若愚《酌中志》都说扁食的名气传遍明宫中。像《金瓶梅》写吃饺子的场景就异常丰富，说到底，毕竟因为小说写的是山东日常市井生活，当时的大户人家就特别好这一口。托《金瓶梅》之福，又兼有《醒世姻缘传》这样成就也很高的小说从旁助力——如第二十六回写"烙火烧、捍油饼、蒸汤面、包扁食"，属于北方平民家庭主食的标配，经此一役，扁食的名头倒也打响，人尽皆知。

在《金瓶梅》里各种吃饺子的描写有好几次。比如潘金莲，就属于借饮食之题做发挥，实则教训人的老手。第八回写她正心里烦躁，丫鬟迎儿端上一盘饺子给她吃：

　　妇人用纤手一数，原做下一扇笼三十个角儿，翻来复去只数得二十九个。

潘金莲拿丫鬟出气的方法是数饺子，三十个缺了一个，叫过丫环就掌嘴。相比之下，李瓶儿心灵手巧，懂得收买人心，还是个做菜高手。小说写她做吃的也有好几回，其中一次写道：

妇人亲自洗手剔甲，做了些葱花羊肉一寸的扁食儿，银镶钟儿盛着南酒，绣春斟了两杯，李瓶儿陪西门庆吃。

俗语说"要抓住男人的心，先要抓住他的胃"，西门庆终其短暂一生，风流无度，但与李瓶儿的感情最笃，未免不是好厨艺在起作用。甚至西门庆临死前最后一餐，还挣扎着吃了"三四个水角儿"，也算是让饺子在小说里生色不少。

清代小说中自然也少不了饺子。《儒林外史》第十四回写马二先生游西湖，看见"那房子也有卖酒的，也有卖耍货的，也有卖饺儿的，也有卖面的，也有卖茶的"。第二十九回写"杜慎卿叫取点心来，便是猪油饺饵，鸭子肉包的烧卖，鹅油酥，软香糕，每样一盘拿上来。众人吃了"。《红楼梦》第四十一回中，丫鬟婆子们给贾母送上食盒，"揭开看时，每个盒内两样：这盒内一样是藕粉桂糖糕，一样是松穰鹅油卷，那盒内一样是一寸来大的小饺儿……贾母因问什么馅儿，婆子们忙回是螃蟹的。贾母听了，皱眉说：'这油腻腻的，谁吃这个！'"螃蟹肉馅的饺子，一般人家不要说吃，连想都别想，可贾母却嫌弃它油腻。

古时的饺子，除了用肉、菜做馅心外，还有用糖的。《聊斋志异》有一篇《司文郎》，写有个宋姓的鬼士子，与书生王平子来往，王生"使庖人以蔗糖作水角，宋啖而甘之"。后来，鬼为了报恩，还和王生说饺子都变成了"紫菌"，吃了这种蘑菇，可令小孩聪明。蔗糖馅的饺子令鬼都喜爱吃，殊为难得。《儒林外史》也写了糖心饺子，相关情节令人捧腹。小说第十回，鲁编修招得地方名士蘧公孙为婿，摆上酒席大宴宾客：

> 陈和甫坐在左边的第一席。席上上了两盘点心，一盘猪肉心的烧卖，一盘鹅油白糖蒸的饺儿，热烘烘摆在面前，又是一大深碗索粉八宝攒汤，正待举起箸来到嘴，忽然席口一个乌黑的东西的溜溜的滚了来，乒乓一声，把两盘点心打的稀烂。陈和甫吓了一惊，慌立起来，衣袖又把粉汤碗招翻，泼了一桌。满坐上都觉得诧异。

原来，那负责上菜的乡巴佬仆人怒踢一只前来抢骨头的狗，用力过猛，把他那只臭烘烘的大头钉鞋飞起丈把高，砸在陈和甫的菜盘中。老陈不但鹅油白糖蒸的饺儿吃不成了，还弄了一身汤水。

最后，附带谈一种与馄饨、饺子类似，或许也是带馅的面食——"馎饦"（bó tuō）。

馎饦，乃是用热汤所煮的面食，这是可以确定的，但对其具体形态却素有争议。之所以说"或许带馅"，是因有人认为馎饦属粗面条或面疙瘩，有人则认为类似有馅的饺子、馄饨。北魏贾思勰《齐民要术》里介绍馎饦是"如大指许，二寸一断"，看来不过是拿粗面条截断而已，颇类似现在的水煮面片；到宋代欧阳修《归田录》里，却说汤饼等于馎饦——汤饼已证实为汤面，后世既以此做长寿面，想来不至于只有大拇指长短吧？倒是现在的日本人，同样将馎饦引去，给化用为本土美食"乌冬面"，使之真正成为面条，那是另一回事了。

至于说馎饦是有肉馅的面食，证据恰在清代小说《聊斋志异》中。《聊斋志异》有关馎饦的故事有两则，一则是《杜小雷》，主题并不新鲜——无非是讲因果轮回、报应不爽——故事说的是夫妻加老母一家三口，丈夫买肉回来，要妻子做馎饦给老母吃，妻子叛逆，在馎饦馅中夹入屎壳郎。母食之恶臭，不能下咽，藏起一个等儿子回家给他看。丈夫大怒，欲责骂妻子，怕母亲听见遂作罢。晚上躺下睡觉，翻来覆去想法子，而妻心里亦有愧，徘徊不敢上床。许久，丈夫听闻床下有喘气声，秉烛视之，发现有一口猪，再细看，还有两只脚是人，才明白是不孝妻所变化。另一则《馎饦媪》，算是一篇纯粹聊斋风格的鬼故事，小说艺术价值更为彰显，值得一读：

韩生居别墅半载，腊尽始返。一夜妻方卧，闻人视之。炉中煤火，炽耀甚明。见一媪，可八九十岁，鸡皮橐背，衰发可数。向女曰："食馎饦否？"女惧，不敢应。媪遂以铁箸拨火，加釜其上，又注以水，俄闻汤沸。媪撩襟启腰橐，出馎饦数十枚投汤中，历历有声。自言曰："待寻箸来。"遂出门去。女乘媪去，急起捉釜倾篑后，蒙被而卧。少刻，媪至，逼问釜汤所在。女大惧而号，家人尽醒，媪始去。启篑照视，则土鳖虫数十，堆累其中。

这个故事大意说的是：有一韩姓书生，经常外出，他的妻子守家。一天夜里，韩妻正躺着，忽听见脚步声。仔细一看，炉内烧起炭火，照得灯火通明，一个花白头发，皮肤似鸡皮，还驼着背的八九十岁老妇人，问韩妻道："吃不吃馎饦？"妻子恐惧，不敢应答，老妇遂开始找锅煮水。不一会水开，老妇在腰间口袋取出几十只馎饦，全数放入锅中，历历有声。又自言自语道："还需筷子。"就走出门。韩妻待她走开，立即起身端起锅将馎饦带汤倒掉，再蒙起被子躺下。老妇回屋，逼问馎饦所在，妻子吓得大叫，直到其他家人醒来，老妇才离开。再细看那锅馎饦，发现是几十只土鳖虫层叠地堆在那里。

思考这两则故事，可发现有一共通点，就是将馎饦与虫联系起来。或许古人认为，馎饦的大小与形状，多少与这两种虫有相似之处。现代西方一些恐怖小说或漫画电影里，亦常用大量虫子，如蟑螂、蜈蚣、蚰蜒等作表现元素，盖出自医学上的"密集恐惧症"（Trypophobia），病人会对密集物体产生本能的恐惧心理。以馎饦老妪的故事来看，蒲松龄早已深得其中精髓。另外，在广西民间有传统小吃"粉虫"，因貌似虫草而得名，乃用米粉制成，搓制为中间粗两头细的形状，大概一指长度。粉虫天然色白，厨师们又给它们染上些红黄食用色素，炒匀摆上桌后，俨然一盘萝卜土豆丝的样貌，这大概是不会令食客产生坏联想了吧。

四、汤羹篇

汤的历史在中国起源颇早，时至今日，喝汤的传统遍布神州大地。北方尤其是陕西河南一带，街坊间见面打招呼不是问"吃了没"而是问"喝汤没"；武汉这样南北交界的城市，用"喝汤了冒？"（喝汤了没）来互相问候；在广东，"老火靓汤"的美名更是蜚声海内外。当然，汤这玩意全世界都有，且许多国家都有拿得出手的代表汤品，并非我国专美，但论起此物在饮食文化里的门道，那还是要首推大中华地区的。除汤水外，还必须提及羹——如严格定义，两者实则是不同的饮食范畴，前者多水，以喝为主；后者多料，一般都需放米熬煮，以吃为主，但两者的共同之处是"多汁水"。宋人张师锡《老儿诗亦五十韵》说："看经嫌字小，敲磬喜声圆。食罢羹流袂，杯余酒带涎。"形容人上了年纪老眼昏花，吃羹时汁水流到衣袖上也不知道，形象地说明羹是有汁的。现在北方将喝汤所用的勺子称为"汤匙"，南方称为"调羹"，或者干脆合称为"羹匙"，这也从侧面证明了汤、羹两物早已混杂，广大人民在实际食用中并不是明确区分了。

汤水所起的作用如此之大，重要原因大概在于其种类之多、适用面之广，乃至许多与汤本不相干的事物都要冠之以名。比如医疗上的"汤药"，《三国演义》里提到华佗开刀做手术就用到"麻沸汤"、《镜花缘》则有孕妇产后去瘀生新的"生化汤"，这些都是已被众多医书记载，证明其疗效的医汤。又如用"黄汤"代指酒，想必无人不知，但在想吃酒的破戒和尚那儿，又美其名曰"般若汤"，为的是文过饰非，到头来仍不离一个"汤"字。到小说那儿，更是要给它安插上无数特殊功能。譬如清代小说集《谐铎》内有《孟婆庄》一篇，不仅介绍有能"迷失本来，返生无路"的"孟婆汤"，还提到能令饮者有才的"益智汤"、多寿的"长命汤"、令人欢喜的"和气汤"、能去"恶生乐死者"的"元宝汤"。如此看来，在古人观念里，汤水简直就是无所不能的灵丹妙药了。

就一般理解，汤的最主要作用，乃是滋补、定神，大概最后才是作为辅食。按现代医学养生理论推荐的理想进食顺序，就是先汤、后菜、再肉、末水果，汤占了第一的交椅。古时筵席，素来有"三汤"之说。《金瓶梅》《绿野仙踪》都提到"三汤五割""三汤四割"或"三汤十菜"。就连医学上也有所谓的"柴胡、桂枝、白虎"制成的三汤。那么饭桌上的"三汤"又做何解？典籍记载大多语焉不详，只有《郎潜纪闻》给出较明确答案："民间有三汤之目：曰豆腐汤，曰黄莲汤，曰人参汤。谓其清苦而有益元气也。"由此看来，汤的一大作用，正是清胃补气。《儒林外史》第二十三回，牛浦在船上害了三四天的痢疾不见好转，"就像一个活鬼"，众人都认为他会死掉，没想到第五天"买些绿豆来煮了一碗汤，与他吃过。肚里响了一阵，拉出一抛大屎，登时就好了"。形容虽有些粗俗，但道理却实在。更不用提《红楼梦》里以林黛玉和贾母为代表的一众不事生产的贵族妇女，无不身娇体弱，受用不来粉面米饭，动不动就要喝汤吃羹滋补。

《红楼梦》的汤羹描写多种多样，譬如"野鸡崽子汤""虾丸鸡皮汤""火腿鲜笋汤"等，琳琅满目。此处仅挑一个有代表性的来介绍，请读者们看看豪门贵胄之家是如何讲究。小说第三十五回，贾府一大群人去探望被老爹痛扁一顿躺在床上养伤的宝玉，王夫人问宝玉想吃什么：

宝玉笑道："也倒不想什么吃，倒是那一回做的那小荷叶儿小莲蓬儿的汤还好些。"凤姐一旁笑道："听听，口味不算高贵，只是太磨牙了，巴巴的想这个吃了。"贾母便一叠声的叫人做去。

这所谓"小荷叶儿小莲蓬儿的汤"可不是一般人家所能吃得上的，因为首先得有一套专门的制作工具，称为"汤模子"，王熙凤命下人找了半天才送来。接着写道：

薛姨妈先接过来瞧时，原来是个小匣子，里面装着四副银模子，都有一尺多长，一寸见方，上面錾着有豆子大小，也有菊花的，也有梅花的，也有莲蓬的，也有菱角的，共有三四十样，打的十分精巧。因笑向贾母王夫人道："你们府上也都想绝了，吃碗汤还有这些样子。若不说出来，我见这个也不认得这是作什么

用的。"凤姐儿也不等人说话，便笑道："姑妈那里晓得，这是旧
年备膳，他们想的法儿。不知弄些什么面印出来，借点新荷叶的
清香，全仗着好汤，究竟没意思，谁家常吃他了。那一回呈样的
作了一回，他今日怎么想起来了。"说着接了过来，递与个妇人，
吩咐厨房里立刻拿几只鸡，另外添了东西，做出十来碗来。

原料方面，除了鸡和荷叶、莲蓬，另外添的东西还有什么没
说，估计不会很少。制作方法没有细说，但肯定不会简单。

说到汤羹直接替代主食的功能，可以汤泡饭为例。《东京梦
华录》里记载宋朝皇帝御宴，最后一轮上菜的菜单是"下酒：水
饭、簇钉下饭"。《金瓶梅》第五十二回里也提到端上"水饭"，
这"水饭"八成就是汤泡饭。清代大文士冒襄的笔记《影梅庵忆
语》里写一代名妓董小宛食性清淡，平时就喜欢吃点水芹菜配以
茶汤泡饭，整个一不食人间烟火的文艺女青年范儿。《红楼梦》
第六十二回柳家人送来一盒食物，里头就有"虾丸鸡皮汤"和
"绿畦香稻粳米饭"，被芳官和宝玉分别用汤泡饭的方式各吃了一
碗半碗。汤泡饭，毕竟是"主饭从汤"，就像长期流行的汤面一
般，尚只是充当主食，还得配菜——倘若汤里加的食料够多，乃
至反客为主，那就直接具有一餐便饭的效果了。如《金瓶梅》第
七十一回里出现了一种"肉圆子馄饨鸡蛋头脑汤"，就是将肉丸、
鸡蛋、馄饨混入热汤，如此一碗足以饱腹矣。时下汤泡饭在全国
各地遍处开花，其中又以上海的泡饭名气尤甚。虽坊间偶有"汤
泡饭危及健康"的说法，但既然是千年前的老祖宗传下的食法，

就算再吃上个一千年，想必也无甚大问题。

除滋补外，拿汤来醒酒，也是古人喝汤的一大用途。这在《水浒传》一类的绿林小说里尤多，原因无他，自然是因为喝酒场面多而已。小说第二十一回写宋江还在做小吏时，赶早去上班，见到小贩王老二，两人闲聊：

> 那老儿见是宋江来，慌忙道："押司如何今日出来得早？"宋江道："便是夜来酒醉，错听更鼓。"王公道："押司必然伤酒，且请一盏醒酒二陈汤。"宋江道："最好。"就凳上坐了。那老子浓浓地奉一盏二陈汤，递与宋江吃。

二陈汤如今亦有，不过主要是拿来祛痰，与古代略有差别。又第三十八回宋江与戴宗、李逵三人在江边喝酒，突发奇想要弄点"三分加辣点红白鱼汤"来，一来是满足他爱吃鱼的喜好，二来也是顺便做解酒汤。

古代小说里的解酒汤，论其原料，与现在所去不远，或者说现在的本就是古时传下来的。不过有一味汤肯定是任何时候都罕见的——拿人心肝所做的醒酒汤。《水浒传》第三十二回，宋江与武松分手后去清风寨投奔小李广花荣，没承想半路上被王矮虎一伙山大王捉住了：

> 宋江在火光下看时，四下里都是木栅，当中一座草厅，厅上放着三把虎皮交椅，后面有百十间草房。小喽啰把宋江捆做粽子

相似，将来绑在将军柱上。有几个在厅上的小喽啰说道："大王方才睡，且不要去报。等大王酒醒时，却请起来，剖这牛子心肝做醒酒汤，我们大家吃块新鲜肉。"

当然，后来知道那"牛子"竟然是大名鼎鼎的黑宋江，醒酒汤就做不成了。又如第四十一回，梁山好汉们捉住了他们痛恨的黄文炳，当场就由李逵"把刀割开胸膛，取出心肝，把来与众头领做醒酒汤"。《野叟曝言》第十二回，山大王奚奇也是好这口人心醒酒汤，而且专门要找和尚的心肝做原料。他对文素臣说这是因为自己早年被和尚牵累落草为寇，"一来事因和尚而起；二则见那些和尚，奸淫邪盗，无所不为，各处庵寺，大概如此；故此对天发誓，遇着和尚，都不放生，取出心肝，做汤醒酒"。活人心肝醒酒汤，小说轻松写出，但终究过于令人惊悚，若要放到真实历史中，怕是只有商纣王挖叔叔比干的心能与之相比了。

古代的醒酒汤，不论其基本原理如何，大约总以酸辣两味为主。辣，应是取其刺激性；酸，应当对酒精有中和作用。而把酸汤水做成饮品，也是汤水家族发展的一条路子。譬如其中一大代表"酸梅汤"，宋人笔记《都城纪胜》就说宋代汴京的大茶坊里"暑天兼卖梅花酒"，约莫就是酸梅汤的前身，同时也证明酸梅确是解渴消夏的好物。酸梅爽口，盖因梅子含有机酸，入口后能刺激唾液腺和脾胃，不仅让人多分泌口水，也安抚肠道，所以《三国演义》中有"望梅止渴"和"青梅煮酒"这样的事。时至今日，酸奶、乳酸菌饮品也大概能起相似的作用，不过这并非代表酸梅汤已经式微，相反街头巷尾都常见这种饮料。笔者为两广人，从幼年到而立都嗜酸食，广东著名的"黄振龙"凉茶系列有酸梅汤，正是心头一大好，每每炎夏出街来上一杯，顿有口齿生津之效。当然，如今酸梅汤遍及全国，各地做法有异，比如清末笔记《燕京岁时记》曾提到北京的制法是"以酸梅合冰糖煮之，调以玫瑰木樨冰水，其凉振齿"。《林兰香》第四十三回写"春畹请爱娘在中间屋内乘凉。日虽西斜，暑气更盛。性澜用玛瑙杯盛了冰浸梅汤，送至爱娘面前。爱娘呷了几口，因笑道：'夜来甚热，六娘不吃梅汤，想有甚事体么？'春畹笑而不语"。贵妇大热天居然没喝冰镇酸梅汤，被认为是出了什么问题。《红楼梦》里宝玉被父亲贾政一顿揍完抬回屋里，嚷着要吃酸梅汤，袭人担心酸梅是个"收敛的东西"，当时吃下只怕反而要弄出病来，只是给吃了些"玫瑰卤子"，然后和王夫人一合计，弄了两小瓶"木樨清露"和"玫瑰清露"，还强调说是"进上"之物——本来是要贡给皇帝吃的零嘴。《金瓶梅》第二回里也写吃酸梅汤，不过这关目设计得更是巧妙。小说写西门庆初次与潘金莲邂逅，被晾衣竿打中后念念不忘：

（西门庆）约莫未及两个时辰，又踅将来王婆门首帘边坐的，朝着武大门前。半歇，王婆出来道："大官人，吃个梅汤？"西门庆道："最好，多加些酸味儿。"王婆做了个梅汤，双手递与西门庆吃了。将盏子放下，西门庆道："干娘，你这梅汤做得好，有多少在屋里？"王婆笑道："老身做了一世媒，那讨得个在屋里？"

西门庆笑道:"我问你这梅汤,你却说做媒,差了多少!"王婆道:"老身只听得大官人问这媒做得好。"西门庆道:"干娘,你既是撮合山,也与我做头媒,说道好亲事,我自重重谢你。"

古代人说话贵含蓄,西门庆固然风流成性,王婆固然要撮合赚钱,但这等肮脏事,非借助个从"梅"到"媒"的由头一唱一和方好捅破。倘若不是酸梅汤的功劳,只怕西门家族的淫乱史要另想一个开场吧。

明崇祯刊本《金瓶梅》插图

吃不吃得到好汤水，对中国人来说意义重大。若是能做得出好汤羹，也不啻多了一门重要技能或持家手艺，乃至能时来运转。《水浒传》第十回写林冲搭救过的李小二，因为人品不错，"安排的好菜蔬，调和的好汁水"，做菜做汤一把好手，甚至娶上了酒店老板的女儿。又如《金瓶梅》里的孙雪娥，长相既不出众，为人又好嚼舌头，可说是无色无德，竟能从丫鬟里跻身侧室，在西门家的几房妻妾里占一席之地，靠的就是"能造五鲜汤水，善舞翠盘之妙"，到最后被以三十两银子卖到妓院，搭售的"广告词"也是因为干得粗活，加上一手"做的好汤水"的手艺。

打着汤羹的名义，干许多饮食之外的事情——有时与斗争相关，这在小说中向来不少见。《金瓶梅》里庞春梅上位后，视了解自己偷情史的孙雪娥为眼中钉，于是故意命她来做鸡尖汤，孙氏虽说是做汤的高手，可庞氏硬是借口说鸡汤又淡又咸，趁势就把对方卖到妓院。《明代宫闱史》写两个妃子争宠，为算计对方，一人在给皇帝端参汤时故意泼在扇子上，现出对皇帝不利的文字来，害得另外那位被砍头。这些小说例子，读罢只有一个感觉：大家都是丫鬟出身、嫔妃候选，为着生存或利益，乃至要动用饮食来尔虞我诈，此时只能说一句"女人何苦为难女人"。

借喝汤吃羹来产生与政治的互动关联、寄寓别情，这在中国历史上更是多不胜数。春秋时郑国的公子宋看到国君郑灵公锅里的甲鱼汤，"食指大动"，非要蘸一点儿尝到嘴里才罢休，进而引发臣弑君的血案。到汉高祖刘邦，他一人就担了有关汤羹的两个故事，第一件读者们基本知道，说的是刘邦当年和项羽两军对垒，项羽以刘邦老父要挟，无赖成性的刘邦满不在乎只求"分一杯羹"；另一件是唐代笔记《独异志》写刘邦没发迹的时候，经常和伙伴们跑到大嫂家里吃免费汤羹，一来二去嫂子不胜其烦，一见他们找上门就把煮羹的锅刮得咣咣响，表示羹已吃光了。刘邦记恨，称帝以后就封嫂子的儿子、他的大侄子刘信为"羹颉侯"——"羹完了侯爵"。还有大多数人都知道的曹植"七步诗"，其首句"煮豆燃豆萁"的原版其实是"煮豆持作羹"，仍然是拿汤羹说事。前面提过的著名思乡典故，西晋名士张翰在当时的都城洛阳做大官，某天突然思念起苏州家乡的"莼菜羹""鲈鱼脍"，便毅然辞官归乡吃羹和鱼了。《世说新语》记载，西晋初年，晋灭吴国，江南名士陆机到了洛阳，有一天他去见高官王济（这王济就是用人奶喂养乳猪再做成佳肴的那位北方富豪），王济是北方人，拿他欣赏的羊奶酪招待陆机，并得意扬扬地问："卿吴中何以敌此？"陆机答曰："千里莼羹，未下盐豉。"后人说张翰为了政治避祸便抬出家乡美食辞了官，陆机那样回答大概寄托着亡国之思，撇去政治意图不说，两位士人想再尝一口家乡的羹汤恐怕也是真的。

笼统来说，汤羹也是不分阶层的全民饮食，至于要吃出个贫富高下，那当然是看里头的食材如何调配了。《独异记》里说唐代"武宗朝，宰相李德裕奢侈，每食一杯羹，其费约三万"，不知是加了什么山珍海味竟如此昂贵。《聊斋志异》有一篇题为

《霍女》的故事，写这名女子被一富豪所纳后，花费无度，饮食上"必燕窝、鸡心、鱼肚白作羹汤，始能餍饱"，因为体弱多病，还必须每天喝一碗参汤，故事末尾道破其目的是"为啬者破其悭，为淫者速其荡"，通过喝汤把为富不仁者给喝到破产，堪称狠招妙招。《三国演义》写诸葛亮平孟获，描述南蛮之地如果收成不好时"杀蛇为羹，煮象为饭"，这大概是当时以中原上国的优越感带出对"蛮夷之地"食俗的鄙视，多属道听途说的八卦臆测。无独有偶，后来《聊斋志异》里也有一篇《豢蛇》，说到佛寺中供蛇羹汤：

> 余乡有客中州者，寄居蛇佛寺。寺中僧人具晚餐，肉汤甚美，而段段皆圆，类鸡项。疑问寺僧："杀鸡何乃得多项？"僧曰："此蛇段耳。"客大惊，有出门而哇者。

蛇肉的口感，确是有点略似鸡肉。而吃蛇肉喝蛇汤一事，北方人现在会"出门而哇者"也渐少，倘若放在两广，更不过是稀松平常之事。虽然这则故事描述的饮食大致不错，但离事实可能倒更远了，毕竟中州在古代指的是河南，"蛇佛寺"一名不仅听着玄幻，更不用说佛寺里又怎会杀生供应蛇肉呢？

此外，古代小说中还常见一词曰"羹饭"，按字面意思理解就应该是饭加菜而已，不过这羹饭连用时，大部分情况下是用来祭奠亡者的。譬如《水浒传》第二十六回武松祭奠武大郎，"叫士兵去安排羹饭，武松就灵床子前点起灯烛，铺设酒肴……哭罢，将羹饭酒肴和士兵吃了"。《红楼梦》第五十三回写贾府大肆祭祖，需府上诸人按辈分传递"菜饭汤点酒茶"，这个菜饭汤点大概也就是羹饭，只不知最后是摆在案台上还是会落到人肚子里了。

清·孙温绘《红楼梦》"以羹饭祭祖"

最后还有一事很有趣味，颇值得一提，那就是古代常把汤水与洗澡水画等号。这种说法大概是从战国就已开始，如屈原《九歌》诗句里最早就有"浴兰汤兮沐芳华"，说的是自己要弄些兰草做香料，洗个澡来容光焕发。而大概因为屈原自己带些脂粉气，又总喜欢高冠华服美姿容，以致后世有些人怀疑他和楚王有超越君臣关系的断袖之谊，也不知是否因而顺带把"兰汤"一词也女性化了。到了唐代，杨贵妃从兰汤里出浴，白居易形容其

"侍儿扶起娇无力",一时令人费解。但转念从医学角度来想亦有可能,因为后来的兰汤大概加料更多,各种中药和香草一股脑地倒入,令到洗澡水具有一定的药性,体质娇弱的大美女泡澡久了,难免有点头晕身软。宋代古韵书《广韵》里讲"汤:热水,吐郎切",后世南北不少地方方言将"汤水""面汤""白汤"等各种带汤的词语指代为洗澡水,大概也都是长期使用语境中把汤划到热水再引申到洗澡水吧。至于饮食上的汤水缘何能与洗澡水联系起来,从药浴的"兰汤"跳脱到喝汤的滋补功能,可以说这似乎也就是个"联想"上的事情,并无太多讲究,乃至小说作者也如此臆测。《儿女英雄传》第二十八回提到"今之热汤儿面,即古之'汤饼'也。所以如今小儿洗三下面,古谓之'汤饼会'。"古时的汤饼会专为新生儿所备,所以面应是吃的,而非理解成拿来洗脸。如今小孩满月或百天也都还有这么一套仪式,不过时下已是将面饼更替成长寿面罢了。而千百年前恨不得把大唐盛世一切习俗照样复制的日本,直到现在还将新生儿第一次洗澡称为"初汤",把公共澡堂子叫作"钱汤"或"汤屋"。

清·王翙绘《百美新咏图传》杨贵妃像

五、酒水篇

人之爱酒，世界各国大抵如是。中国酒文化源远流长、洋洋洒洒，似乎也无须什么特别的言语来做引头。倒是想起前不久看到几则新闻，一网友发布自己喝了三斤白酒的视频，引发"病毒效应"，随后"四斤哥""五斤哥"纷纷加入战局，争攀高峰。如有读者也看过那几位"异人"手捧灌满白酒的搪瓷盆一气喝光的景象，想必也与笔者一样，只剩赞叹兼为之祈祷健康的份了。

网络本有草根性与狂欢特质，再辅以酒催化，自然衍出此等见闻。照此说，酒与狂欢，似乎是可以直接画等号的。所以有人说，世界倘若无酒，人类之思考与文明或许更趋客观冷静。然而依愚见看来，成日沉浸醉乡，当然对直接提升智力毫无助益，但要说酒无助于社会发展，那还得另行商榷。有酒，世界固然多一分混乱，但无酒亦会少太多乐趣，更不用说酒对于古往今来之文学艺术发展所起极大作用。如以"哲学"或"思考"论，倘若无酒，古希腊文明不会诞出酒神，也就无悲剧戏曲，乃至柏拉图，乃至尼采；古中国不会产生魏晋风流和陶渊明，玄学随之阙如，乃至泰半唐诗之美，乃至佛门参禅。酒精对于人类文明的提升，实比直接想来的高明得多，也迂回得多。

酒精之下，必有酒鬼、酒董、酒徒，且对大多数嗜酒之徒而言，断其酒无异于取其性命。"三言二拍"的《醒世恒言》里有篇故事，讲到个名叫蔡武的酒鬼，得到上司提拔要当游击将军，女儿劝他重任在身以后少喝点，结果这老兄倔起来发了一通很算经典的牢骚之言：

老夫性与命，全靠水边酉。宁可不吃饭，岂可不饮酒。今听汝忠言，节饮知谨守。每常十遍饮，今番一加九。每常饮十升，今番只一斗。每常一气吞，今番分两口。每常床上饮，今番地下走。每常到三更，今番二更后。再要裁减时，性命不直狗。

大老粗的无赖气发作起来，难免要坏事，所以后来作者安排了个蔡将军两口子因酒而死的情节，也算寓了一份劝惩之意。然而，人之嗜酒尚且如此，有时非人类的生物之好酒，似乎也并不在于人类之下。传说中仪狄造酒，乃是因为看到猴子或麋鹿饮了熟烂果子发酵而成的汁液，倒在路边呼呼大睡，引起仪狄的好奇，这才敲开中国酿酒的漫漫长史。聊斋先生蒲松龄笔下的鬼狐，大多面目可憎，可一旦沾到人界佳酿，就可以发愿报恩，"人"之气立时现出来。譬如《聊斋志异·王六郎》写一醉酒溺死数年的鬼与一人类渔民喝了半年酒，互相称兄道弟，最后临到投胎，因不忍找替死鬼反倒得天帝封为土地神。又如《酒友》，写人狐因酒结交，人类车生是个"夜非浮三白不能寝"的酒鬼，床头堆满酒坛子，某日宿醉醒来后：

> 转侧间，似有人共卧者，意是覆裳堕耳。摸之则茸茸有物，似猫而巨。烛之，狐也，酣醉而大卧。视其瓶则空矣。

常人若半夜醒来发现身旁睡着大狐狸，怕是早已遁逃或昏厥。但或许正所谓"酒壮怂人胆"，再不济的白面书生给灌足了酒，都可能变成一条好汉，何况车生这样的奇男子？结果他的对应举动却是为狐狸盖好被褥，待其醒后与之结为酒友，"乃治旨酒一盛专伺狐"，给狐狸另设了喝酒的贵宾席位。随后，狐妖为讨酒喝，凭神力帮车生发了大财，而最饶有趣味者还在于整篇小说末尾，狐狸和人类"日稔密，呼生妻以嫂，视子犹子焉。后生卒，狐遂不复来"。人狐因酒结缘，混迹了几十年，狐妖称人妻曰嫂子，将人子待若亲子，恍若一家人。然而一旦酒友身故，狐狸也就此恩断义绝。看来这酒的作用，不光满足人类自身，而且是打通神妖鬼三界隔阂的利器，作用可谓大矣！

文学与酒历来太多交集，正所谓"酒有别肠，为文者近"。然而说归说，实际看来，未必真是文人更贴近，只是读书人吃完墨水又喝了酒到肚子里，能够兴之所至，留下痕迹罢了。倘若常人独自喝酒，想必只会有生闷之感，哪里能似李白那样逸兴遄飞的"举杯邀明月，对影成三人"？晚明士人袁宏道曾写有一本叫

"觞政"的书，他认为当世名流雅士必读之经典著作有三：一者为《酒经》《酒谱》等，称"内典"；二者为《庄子》《离骚》，陶渊明、李白、杜甫等诗歌，名曰"外典"；还有一类乃柳永、辛弃疾的词，《西厢记》《琵琶记》等戏曲和《水浒传》《金瓶梅》等小说，称之为"逸典"。而且袁氏认为，熟读第三类著作是区分诗酒风流之士与酒肉之徒的重要标准。

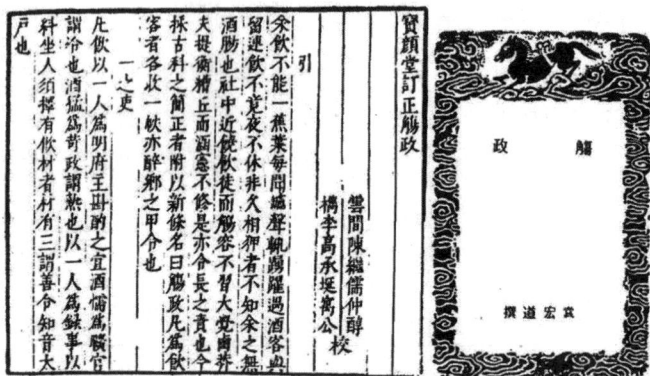

明·袁宏道《觞政》书影

既说到《水浒传》和《金瓶梅》，也可以数据供读者看这两种作为"古代社会风情画卷"的伟大小说里写酒的频率如何：以金圣叹所腰斩的第七十回《水浒传》来说，酒字出现有一千五百多次，平均每回得有二十来次；《金瓶梅》中酒字更多，约两千一百次，相关的"酒席""酒宴"等词则有三百余次。若依常理，大概因《水浒传》传播更广，故事脍炙人口，所以写起酒似乎给人感觉是来得更爽利些；不过《金瓶梅》写起酒不光多，难得的是手段还要比《水浒传》高端，粗略统计该小说各章回各类酒出现的频率排序如下：金华酒（12次）、南酒（11次）、麻姑酒（4次）、白酒（4次）、葡萄酒（4次）、浙酒（2次）、豆酒（2次）、老酒（2次）、（木樨）荷花酒（2次）、茉莉（花）酒（2次）、菊花酒（2次）、药五香酒（1次）、河清酒（1次）、竹叶青酒（1次）、金酒（1次）、黄米酒（1次）、烧酒（1次）。

《水浒》囫囵吞枣式的酒描写，算是让古代小说与酒至此结下难解之缘，但较之《金瓶梅》仍有些差异。打个比方，梁山好汉们喝酒如空中楼阁，虽大气美哉，却多为虚语，缺乏些真实感；《金瓶梅》描写饮食男女，虽卑鄙、肮脏、琐细，却能直击人性、洞穿心灵。也是从此开始，古代小说才算把酒文化的精髓融进自个的血脉里头。

（一）古人爱喝哪些酒

如今，由于世界文明进步与交流频繁，按理说我们能喝到的酒比古人丰富得多了，不过看看小说里的描写，就知道古人喝酒的乐趣却并不比现在差多少。就以喝酒的种类来说，黄酒、白酒、葡萄酒基本算是"三分天下"，至于药酒、花酒等，则是支流，比之"三巨头"则几乎可以忽略了。

1. 黄酒

黄酒可谓是我国最古老的酒类，史料记载里自然也是最多的。我国古代的酒，大约在元代之前，都是用酒曲发酵酿制成的。今天民间还可以见到酿甜酒，将酒饼（即酒曲，也称酒母之类，用某些植物之类原料制成的饼状物）捣碎放入煮好的米饭中，搅匀密封，若干时间后即成甜酒，刚酿成时过滤饮之，其甜如蜜；而放置一段时间后再取饮，即是真正的酒了，只是度数不是太高，大约一二十度（今天农村同样用此种发酵之法，但经过蒸馏而得的米酒，可以达到四五十度甚至更高的酒精度，乃是名副其实的烧酒）。如著名酒徒陶渊明自己酿酒，等得急不可耐，酒还未成，就干脆一把扯下头巾当作滤网，立即滤了几碗灌下肚去。

元·赵孟頫书《陶渊明像传》

　　《金瓶梅》里，出现最频繁的有金华酒（包括南酒、浙酒）、麻姑酒、老酒等，都是黄酒。清人袁枚《随园食单》里说："金华酒，有绍兴之清，无其涩；有女贞之甜，无其俗。亦以陈者为佳。盖金华一路水清之故也。"不过，人类发展因喜新厌旧而能向前走，饮食口味亦是不断迭新的，像金华酒虽在明代《金瓶梅》里流行，到了清代，就变为绍兴酒打头阵。清人说相对其他黄酒的甜腻，绍兴酒"性芳香醇烈，去而不守"，看来是综合了黄酒和白酒的优点，难怪能大行其道。《红楼梦》里描写丫鬟们凑份子给贾宝玉开夜宴，所准备的就有"一坛好绍兴酒"。

　　《金瓶梅》的作者历来争论不休，后人从各种角度开凿探求。譬如有人根据金华酒出现次数最多、档次最高，得出结论说《金瓶梅》作者是南方人甚至浙江人，这其实有些想当然。为什么呢？打个比方，现今贵州茅台稳坐第一国酒，某作家创作了一个小说故事，背景是北方一个喜欢喝茅台的暴发户人家，你能说这个作家是贵州人吗？总之，用饮食社会学理论去反证观点做一些"新解"，对于普及文化知识是有裨益的，倘若是做研究那还得慎之又慎。

　　由于黄酒是低度酒，比现在常喝的啤酒还要低上几度，所以带动古代小说写起喝酒也通常做海量，乍看很是唬人。《红楼梦》里，女孩子芳官说自己"先在家里，吃二三斤好惠泉酒"，相比之下《水浒传》里好汉们每人动辄喝二三十大碗并不算太离谱。反倒是晚清的一些小说，描写人物喝起黄酒简直是巨量无边。譬如《儿女英雄传》里，安老爷说自己平生别无所好，就喜欢喝绍兴酒，上了年纪"喝到二三十斤也就露了酒了"。《官场现形记》里有位行伍出身的赵大人更是夸张，"年轻的时候，一晚上一个人能够吃三大坛子的绍兴酒，吐了再吃，吃了再吐，从不作兴讨饶的。如今上了年纪，酒兴比以前大减，然而还有五六十斤的酒量"。年老力衰尚能喝五六十斤，如此推算年轻时那不是得有百斤的量？——搁到今天，寻一健壮成年男子，令他喝三箱啤酒，假使先不醉倒，想必也是肚子撑得要炸，小说显然夸张过甚了。如今黄酒式微，但绍兴酒以其特殊的醇美口感，仍为不少酒徒所喜爱，再加上像鲁迅等一流的绍兴籍名人捧场，或许将来仍有重振大兴的一天。

2. 白酒

白酒属烈性酒，通常度数较高。据说世界范围有六大蒸馏酒：白兰地、威士忌、朗姆酒、伏特加、金酒和中国白酒。若单论饮用时的度数，中国白酒似乎是可以坐稳第一的。白酒在中国历史上的出现，至少在元代以后，与黄酒相比属于"后起之秀"，不过如今风头已是完全盖过前者，跻身为"中国制造"酒的首席代表了。以白酒和黄酒这两大类国酒比较，根本区别在于前者是蒸馏酒，后者属压榨酒，两者制作工艺不同。

古时的白酒，度数多在三四十度以上，现在我们日常所喝的则多在五十度以上，更高者可达六七十度，是可以点火烧起来的。小时曾听大人们讲故事，说到战争时期医院物资奇缺，乃至给伤患消毒用的酒精匮乏，所以往往以白酒代替，因此机缘，甚至促成当地酿酒业发展。另外，像广佛当地有一种特殊的"玉冰烧"白酒。此酒一般在三十度左右，现在可纳入低度白酒之列。玉冰烧一名听起来颇雅致，但其来由却源自此酒酿造最后一步的特殊工序，是将酒液倒入盛满肥猪肉的大缸之内，"缸埕陈酿，肥肉酝浸"，最后勾兑为成品。至于"玉冰"之名，则是因肥猪肉通体触感色泽如玉石般凉润而得名。

白酒在历史上的地位一直被黄酒压制，直到清代中后期才发扬光大，这之前都不算主流。翻看"三言二拍"这种描写平民百姓较多的小说，虽动辄可见要大吃烧酒的小人物，甚至还写有人因为"大六月吃上许多烧刀子，一醉竟醉死在驿里"，但言语间毕竟有点瞧不起白酒的意思。清初大才子袁枚的《随园食单》就评价说"绍兴酒为名士，烧酒为光棍"，可见白酒还是极少能上到达官贵人们的台面。如果拿《红楼梦》等小说来印证亦是如此。像小说第七十五回里描写贾府开夜宴的情节，主打的当然还是绍兴黄酒，可酒席上大家玩击鼓传花，正巧给严肃古板的贾政拿到花，他就讲了个怕老婆的故事逗得众人发笑，于是贾母特地命人去拿白酒给他吃。可见当时绍兴酒遍行天下，白酒还是小众些。《红楼梦》之后的小说，如《歧路灯》等，白酒的描写算是逐渐多起来，这大概也是制作工艺不断改善，喝的人越来越多的结果。

饮用白酒的历史，于古时是缓慢但确实发展着的。虽然袁枚推崇黄酒，但内心里大概也并不排斥白酒，比如他谈完了山西汾酒后又强调：

余谓烧酒者，人中之光棍，县中之酷吏也。打擂台，非光棍不可；除盗贼，非酷吏不可；驱风寒、消积滞，非烧酒不可。

由此看来，袁枚实际上还是寓褒于贬的。而且，可以"驱风寒、消积滞"的白酒倘若是作保健或药用，在古人也普遍能够接受。《红楼梦》里群芳开"蟹宴"，蟹肉属寒，体弱多病的林黛玉只吃"一点夹子肉"，就感觉胸口发闷想吃烧酒，贴心的宝玉就命人拿来一壶合欢花烫的白酒来，以驱寒气。古代小说里也时常写有仙风道骨一类的角色，授人以丹药后，末了不忘补充一句：以烧酒服之。大概古人认为白酒配以中成药治病或修炼，能有加速发散之效。《金瓶梅》里，西域胡僧赠给西门庆百来颗春药，叮嘱说"每次只一粒，用烧酒送下"，结果潘金莲阴差阳错给他一次服下三粒，直接送了大官人的性命。《镜花缘》里多九公给人疗伤，"把药秤了七厘，用烧酒冲调……又取许多七厘散，也用烧酒和匀，敷在两腿损伤处"，这直接就是内服兼外敷，很符合白酒可以代替酒精杀菌的特性。而白酒入药，亦是中医学上的一大创见，说来又是一段很长的历史，就不多赘述了。

3. 葡萄酒

近年葡萄酒在国内大行其道，很是畅销。尤其有所谓"82年拉菲"的葡萄酒，更是直接与高级奢侈品挂钩，令好面子的土豪们趋之若鹜。之前有新闻报道揭露，所谓真正的"拉菲古堡干红葡萄酒"，其年产量不过二三十万瓶，可中国市场年消耗量却有二百万瓶；拉菲最火爆的时候，一个喝光了的空瓶子竟能卖到三千块。可想而知，市场上凭空生出的90%拉菲红酒都是"李鬼"山寨品。国人对葡萄酒的狂热，于此可见一斑。

追捧外来的葡萄酒，这事也不能全怪国人崇洋媚外，毕竟国人喜欢在酒桌上相互劝饮，不醉不归。而且对于酒量浅的人士而言，酒桌之上的选择着实不多：几大门类酒里，黄酒如家中老爷子，过往辉煌，现在已成历史陈迹，等待翻身尚需时日；啤酒如未冠后生，年轻气盛，但似乎还缺点上台面的火候；至于更小众的花酒、药酒之流，那简直算是旁门左道，等而下之。相比之下，舶来的红酒倒像是西装革履的异邦友人，足可与儒冠长袍的中国白酒一争高下。

葡萄酒在中国的历史大约可追溯至公元七世纪左右，当时正是盛唐时期。历史上的说法是因位于新疆地区的高昌国灭亡，因而马奶、葡萄和葡萄酒酿造法传入中原地区。当时的大唐朝国力强盛，整个社会欣欣向荣、歌舞升平，充满大气感，所以唐代诗人形容起葡萄酒这个外来物也毫不含糊。如李白《襄阳歌》云：

"遥看汉水鸭头绿，恰似葡萄初酸醅。此江若变作春酒，垒曲便筑糟邱台。"幻想汉江变成一整条葡萄酒河，可以使劲地喝。至于那首更著名的《凉州词》，也算是一锤定音，把葡萄酒的美名打响了。葡萄酒在唐代的流行程度如此之广，又受李唐皇室喜爱，据说李世民曾下诏允许和尚喝葡萄酒。《西游记》里就写有孙悟空"知师父平日好吃葡萄做的素酒"，看来唐三藏私下也是个深藏不露的品酒高僧。

在清代小说《隋唐演义》第六十九回里，才华过人的狂士马周得到一瓶葡萄御酒，其表现确乎轻狂：

马周把酒，揭开一看，却有七八斤，香喷无比，把口对了瓶，饮了一回；饮下的，瞥见桌边有一拌面的瓦盆儿在，便把酒倾在里头，口中说道："高阳知己，不意今日见之。"一头说，一头将双袜脱下，把两足在盆内洗灌。众人都惊喊道："这是贵重之物，岂可如此轻衰？"马周道："我何敢轻衰？岂不闻身体发肤，受之父母，不敢毁伤。曾于云：启予足，启予手，我何敢媚于上而忽于下？"洗了，抹干了足，把盆拿起来，吃个罄尽。

从三藏法师往后，明清几部大名鼎鼎的小说里，主角似乎对葡萄酒都有特别的感情。前有唐三藏，次有西门庆，再后还有贾宝玉。像《金瓶梅》里所写西门家饮用的各类酒里，葡萄酒所占的比重仅次于传统的黄酒。至于西门庆为何喜饮葡萄酒,想来一是强身健体,二是大概像研究《金瓶梅》饮食的郑培凯先生所疑心的那样为房中术所需,这也未可得知了。明代李时珍说葡萄酒主治"暖腰肾,驻颜色",高濂《遵生八笺》则说"行功导引之时,饮一二杯,白脉流畅,气运无滞,助道所当不废"。无论如何,常饮葡萄酒可以健身,这是得到公认的。

最后,提供一个清代彭孙贻笔记小说《客舍偶闻》所记载中西方人士喝葡萄酒的故事,情节也颇有趣:

(汤若望)取西洋蒲桃酒相酌,启一匣锦囊,又一匣出玻璃瓶,高可半尺,大于碗,取小玉杯二,莹白无瑕,工巧无匹。谓吏部范公曰:"闻公大量,可半杯。"若望斟少许相对,吏部以为少。若望笑曰:"此不可遽饮,以舌徐濡之。"潞公如言,才一沾舌,毛骨森然若惊,非香非味,沁入五脏,融畅不可言喻,数舐酒尽,茫茫若睡乡,生平所未经。若望亦如寐,良久始醒。仆从分饮半杯,仆不能起。若望命取粥各举一碗,身柔缓,须扶乃登车,仆从皆踉跄欹侧归。

传教士汤若望拿出珍藏的葡萄酒请吏部尚书范光文对饮,照理说葡萄酒在当时已非稀罕之物,所以汤若望只斟了半小杯给范光文,还被嫌弃说少。结果酒一入口,两个人都立感妙不可言,飘飘欲仙起来,最后只能喝一碗粥来解酒,然后各自回家。就连旁边饮过半杯酒的仆人，也是如痴如醉，走路不稳。照此描写看来，这特殊的葡萄酒竟比白酒猛烈得多。

（二）取名也是学问

我国的语言文字博大精深，一件事情、一样事物能有十几种表达方式并不稀奇。假若对这里边的门道起了兴趣，那就踏入了"名物学"——研究事物得名由来的学问门槛。中国的饮食文化亦是如此。譬如说正常人喊"吃饭"，有点地位的叫"用膳"，搁到皇帝老儿那里则称"进膳"。清末逊帝溥仪的回忆录里头就专门解释"进膳"一词，说是皇室礼仪，决不能乱改字眼坏了规矩。同样，拿酒来说，几千年的酒文化历史发展到现在，神州大地出现的各种有字号的酒，没有一千也有八百。譬如清代小说《镜花缘》，可称是一部"才学小说"，作者为炫耀自己的知识丰富，因此常在小说里穿插各种各样的知识。像小说第九十六回，竟一次性写足 55 种各类地方酒，令人目不暇接。不过，单单列举名字，并不能令读者有如沐春风之感，所以相比之下，《金瓶梅》和《红楼梦》就高明得多，因它们能把具体的饮食融入小说的情节及人物中去。

以缔造无数喝酒场面的《水浒传》而论，小说里提到过的酒就有"透瓶香""玉壶春""头脑酒""茅柴白酒""蓝桥风月酒"等。这些酒名字奇怪，是否全部实有尚待求证，不过其中还是有个别可供读者们探讨。像"茅柴白酒"之茅柴，本指劣质酒或是街上沽来的便宜酒，然而古人喜欢谦称，着意用语之下倒含有自抬身价的感觉，一来二去地传播下去，到后来就代指好酒了。如冯梦龙《警世通言》里诗句所云："琉璃盏内茅柴酒，白玉盘中簇豆梅"——很明显不会是便宜货。

再说个常见于元明清小说戏曲的"头脑酒"。《金瓶梅》里曾多次提到，先是七十一回写"一盏肉圆子、馄饨、鸡蛋头脑汤"，后来第九十八回又写"安排了鸡子、肉丸子，做个头脑"。明人朱国祯笔记小说《涌幢小品》写有：

凡冬月客到，以肉及杂味寘（同"置"）大碗中，注热酒递客。名曰"头脑酒"。盖以避寒风也。

看来这"头脑酒"有点儿像是西方的鸡尾酒，喜欢加些与酒看似不太相干的东西，不过从"吃＋喝"的角度看来，寒冷的冬夜来上一碗混着鸡蛋和肉丸的热酒，不得不说是一道恰如其分的饮食。另外，在南方很多地方，尚有将水煮蛋或生鸡蛋放到热米酒中同吃的风俗，而米酒和古代"头脑酒"都为低度酒，彼此之间是否存着些关联呢？

抛开坐实的具体酒名，单就泛指而言，酒亦有许多别称。仅粗略计算就有四十余个，倘若下功夫具体考证，数量只怕更多。酒名别称亦是颇具文化意味的现象，值得一说。这些别名，或以拟人手法，以酒称人，譬如"欢伯""清圣""红友""玉友""青州从事""平原督邮""曲生""曲秀才"之类——把死物拟为活人，拉拢起来多一份亲热劲。或以赞叹口吻，褒为"仙露""忘忧物""扫愁帚""钓诗钩"，带着文人的狡狯劲头在里面；或抒其厌恶之情，贬为"黄汤""迷魂汤""魔浆""狂药"乃至于"马尿"；还有的以字形称"三酉"，或以传说中的发明者称"杜康"，等等。

说到将酒拟人化，最有趣的大概是将杯中物化为翩翩书生，称为"曲生""曲秀才"者。曲生形象最早见于唐人郑綮的笔记小说《开天传信记》，不过原版的名字叫"麹（qū）生"，"麹"与"曲"两字互通，指的就是酿酒的引子。小说里形容麹生其人风采"抗声谈论，一座皆惊，良久暂起，如风旋转"——大抵人们酒劲上来，言辞也随之大胆，皆自觉或不自觉地成为辩论高手，想必曲生性格初创，正是认准了喝酒人的这个状态。原始的曲生故事，其言语很有唐人传奇小说的飘逸美感，后出的《太平广记》又将曲秀才的传闻改编得更形象兼悬疑一些。故事大意如下：

唐代有个当了大官的人名叫叶法善，是一名精通符箓咒术的道士。叶氏住在玄真观，时常有十来位朋友来观里拜访他，略做逗留。有一天大家到齐了，正思忖着找酒喝，突然有个叫曲秀才的书生登门求见。叶法善命下人回绝说："我现在正在接待朝中同僚，暂时没空，改天再聊吧。"话音刚落，这位二十岁左右，长得又白又胖的傲慢书生长驱而入。曲秀才和众人打了招呼，落座后参与大家的聊天，很出风头。等他坐了一会起身暂离时，像一阵风似的旋转。叶法善对众人说："这小子突然闯进来，谈锋还那么健旺，说不定是妖怪来迷惑我们呢，我就用剑替大家试探他一下吧。"曲生回来后，手舞足蹈的辩论劲头还是那么旺盛。叶法善悄悄用短剑刺过去，曲生随即跌落台阶，化身成一枚瓶盖。满座客人登时慌张起来，再仔细一看他所坐的位置，却发现是盛得满满的一大瓶酒。众人一哄而笑起来，随后拿酒分饮，味道非常好。有个客人抚摸着酒瓶，醉醺醺地说道："曲生曲生，风味不可忘也。"

由此可见，在酒席上健谈尚嫌不够，还生得又白又胖，一看就是精通酒肉之道者，如此方能满足当时想象中参与曲水流觞座谈会之士人形象。元代文人有一阕散曲也曾描述他们理想中的归隐生活是"曲生来谒，子墨相看"，边饮酒边读书的状态也被形容为两位友人拜访，看来古人觉得人生之适意不过如此。再等到几百年后的蒲松龄这位酒鬼，干脆更进一步，直接借着《聊斋志异》发出"故曲生频来，则骚客之金兰友"这样的喟叹，那则是"诗酒风流"，乃至要与酒——或者说与曲生好兄弟行金兰结义、做刎颈之交了。

酒太具杀伤力，遑论小说里的文臣武将、绿林好汉、骚客文人们要三不五时地吃酒，往往连和尚也要一并拉拢过来。《西游记》里唐僧师徒毫不沾染荤食，但对酒却似乎把持不牢，饮素酒的场面随处可见，这也反映出唐代的历史情形。古代的和尚们招架不住酒香，想偷喝又怕犯了戒条，于是只好做起文字游戏，将杯中物隐称为"般若汤"。老饕苏轼在《东坡志林》里最早提到说"僧谓酒为般若汤"。所谓"般若"（bō rě），一般认为是佛教用语"般若波罗蜜"的简称，至于为什么和尚要将酒称为般若汤，依笔者揣测，大概因"般若波罗蜜"这一金句在佛门弟子口中传颂太过频繁，被"顺口成章"带入酒名罢了。笔记小说《宋稗类钞》里，曾详细说明了"般若汤"名称的来由：

> 庆历中，有客僧届一寺，呼净人酤酒。寺僧恶其行粗，夺瓶击庭前柏树，其瓶百碎，酒凝着树上如绿玉，摇之不散。客僧曰："某尝持般若经，须倾此一杯，即讽咏浏亮。"乃将瓶就树盛之，其酒尽落器中，涓滴无遗。今僧谓酒为"般若汤"，盖因此也。

然而这个有关"般若汤"来源的说法值得商榷。根据宋代《酒谱》一书记载说"天竺国谓酒为'酥'，今北僧多云'般若汤'，盖瘦词以避法禁尔，非释典所出"。可知但凡正经些的典籍，大概都是阙而不录的。就算晚至明代出现的《西游记》，整部小说虽充斥佛道隐喻，却也从未见过这个称法，看来非但是正典，就连这么一部"不正经"的小说都不收这个佛门黑话词，难免令人生疑。反倒值得一提的是，像明代情色小说《一片情》

中，由般若汤引开，涉及犯戒的酒肉和尚们所用的饮食与日常隐语，读之更让人解颐：

却原来僧家有许多讳：酒呼为"般若汤"，肉呼为"倚栏菜"，鸡呼为"钻篱菜"，鱼呼为"水梭菜"，羊呼为"膻篱菜"，笋呼为"玉版师"，袈裟名"无垢水""离尘服""忍辱铠"，瞧妇人则呼为"饭锅焦"。

穿袈裟已是如穿战甲上战场般"忍辱负重"，看来空门修炼的确不易。而"饭锅焦"更是绝妙，试想象这样一幅场面：厨房里的小沙弥偷看美女香客太过入神，乃至忘了照看厨房里烧着的大锅饭。古人很幽默！

（三）醉酒的后果

前不久笔者看到世界卫生组织公布的资料，有关世界各国人民饮酒数据统计，细看之下颇有趣味。举例来讲，中国人年均消费酒精大约 4.45 升，在世界一百九十多个国家里排名不过第九十位——大概也就和中国足球的世界排名差不多，吹起来响亮，实际尔尔。相比之下，东亚文化圈的韩国、日本，各有 7.71 和 7.38 升。至于西方各国中，美国有 8.51 升，快比中国高出一倍；而欧洲大多数的发达国家，无一例外都是狂喝猛灌型的，譬如排第七位的法国 13.54 升、第十位的德国 12.89 升、第十八位的英国 10.39 升。对西方社会而言，滥饮无度是一大毒瘤。外国老百姓聊起八卦，若要说到某人品性如何不端，大概其中总有一条会说此人有"drinking problem"，即酗酒成性，倘若一对夫妻欲离婚而丈夫有酗酒问题，法院十有八九在判决子女抚养权时会倾向妻子。

相比之下，中国人不仅喝酒量不算大，而且自古以来中国人对待酒的态度比较豁达。像清代大名士尤侗在《说酒》里就倡议要"封酒泉郡，拜醉乡侯"，这口吻就像是想来一枕黄粱梦再遁入酒国里效力了，更不用说一众"唯有饮者留其名"的历史名人们带着风流意味来捧场：竹林七贤的刘伶，喝醉了就说浑话，劝诸君不要再来钻鄙人的裤裆；倾国倾城的杨妃，喝醉了可以不顾女子礼仪地半露酥胸、春情萌动；太白诗仙喝醉了能赋诗百篇，能让红人高力士为他脱鞋，乃至连死的方式也要与酒挂钩，烂醉再下水捞月亮里。即便是虚构的人物，譬如那位被众多小说戏曲拿来调侃的郭暧，"醉打金枝"，趁着酒劲揍完公主老婆以后，结局仍是个阖家团圆；《聊斋志异》里的"酒友"更是只狐妖，一登场就"酣醉而大卧"在人类的床榻之上，充满了人情味。

以中国人一般观念看，醉酒无伤大雅，成日买醉固然招人讪笑，但也不过被讥为"酒囊饭袋"，担不上更重的恶名；倘若换了名人，那更是给人物平添一份风流，就算因此风流致死也是倍儿有面子的事，仿佛这样更能给其人"牛哄哄"的事迹加上些添头。总之，不管你是酒董、酒鬼、酒颠、酒狂，对文人来说，喝醉出丑不过是"真名士自风流"，没有名誉受损之虞。

文人为何总喜欢拿醉酒说事？抛开抬高声望的外在好处不谈，可能也包括醉后有助于思考严肃的形而上人生问题。晚明大名士陈继儒《酒颠》序就说醉酒是"太醉近昏，太醒近散，非醉非醒，如憨婴儿。胸中浩浩，如太空无纤云，万里无寸草，华胥无国，混沌无谱，梦觉半颠，道人学死，圣人之教，生荣而死哀，是皆犹有生死耳"。"非醉非醒，如憨婴儿"，这大概就是古人所追求"醉"与"醒"的最佳平衡点，而"酒到微醺"时倘若还剩点余力来做一番哲学家的冥想，如婴儿般"梦呓"，顿时会觉得自己洞穿了世间真谛，看得到彼岸花开，这感觉简直妙不可言呢。

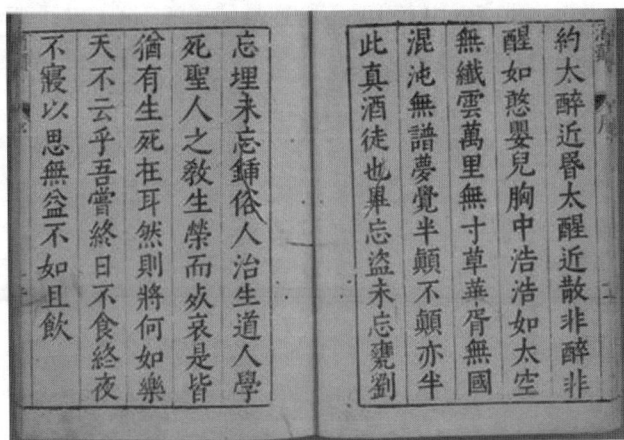

明·陈继儒所作《酒颠·序》书影

俗谚有云"酒后吐真言",正因为如此,中国人醉酒不仅不被禁止,反而是要默许,甚或还要鼓励,盖因醉酒以后,人的语言也像婴孩般变得诚恳可爱起来。《红楼梦》里贾雨村这个人物,固然让大多数读者不齿,可一旦处于喝醉状态,立时变形,"假语村言"反显出其不乏真性情的一面。至于喝醉以后的行为结局如何?古代小说里头描写醉酒最出彩的《水浒传》,单从回目看就有不少因醉酒闹事进而大打出手的故事:"小霸王醉入销金帐""赤发鬼醉卧灵官殿""虔婆醉打唐牛儿""武松醉打蒋门神""杨雄醉骂潘云""活阎罗倒船偷御酒"等。至于读者更加津津乐道的鲁智深打山门、拔杨柳,武松借醉壮胆打虎,还有其他名著里的孙悟空大闹天宫、张飞鞭打督邮等,哪个情节不是借酒逞勇?读完这些醉酒描写,不仅是捧腹加酣畅,有时甚至心生感触,琢磨着这批作者们究竟是不是在鼓励买醉后惹是生非呢!由此看来,中国传统所鼓励的酒文化,不仅是醉名士自风流,连醉莽夫也有真性情,即使加上点小破坏,那也多能一笑而过。

明 · 吴凤台刻《忠义水浒传》"武松醉打蒋门神"

　　时常买醉的蒲松龄，在《聊斋志异》里写了个题为"酒虫"的故事，很有些宣扬醉酒好处的意思：有个刘某，是个喜喝酒的大胖子，每次独自喝酒都需整整一坛。刘某家有三百亩良田，他却只拿一半去种地，但仅这样就已令他富足，家里没有因为他嗜酒而造成经济压力。某日有一西域僧人路过，看到刘某后说他患有怪病。和尚问刘某是不是喝酒从未醉过？刘某答是。和尚说刘某肚子里养着条"酒虫"，刘某吃惊起来，就求解救办法。和尚说简单，就把刘某手脚捆好，令其俯卧在烈日下，在离他头半尺远的地方放了一盆好酒。不一会儿，刘某就觉得口舌干渴，只想求酒喝，正盯着旁边的酒思念得紧时，喉头上突然发痒，哇的一下吐出个东西，窜到酒盆里。仔细一看，这东西长得像条三寸多长的肉块，有眼睛有嘴巴的，在酒里游动。刘某吓了一跳，想拿钱感谢和尚，僧人却不受，只说要带走酒虫即可。刘某问原因，和尚说道，酒虫为酒中神灵，只要坛子里装上清水，再把它放进去，就自动变成美酒。两人试验了一次，果然如此。然而除去酒虫后，刘某性情大变，不但非常厌恶喝酒，而且身体消瘦下去了，连家业也凋零，最后甚至穷得都吃不饱饭了。

刘某整日喝酒能不醉，还坐拥万贯家财，活得潇洒自在。在穷得要赊酒喝的作者蒲松龄看来，估计属于内心深处的效仿楷模了。难怪在故事最后蒲松龄还发了一番议论："日尽一石，无损其富；不饮一斗，适以益贫"——每天喝十斗酒，不见得会喝垮家业；一点酒都不饮，恰恰造成贫穷。还补充说"酒虫也许是刘氏的福星，而不是刘氏的病因"，看来真是羡慕得很！

当然，以真实情况来看，醉酒似乎也不尽然是好的，比如科学研究已证明长期酗酒会造成后代智力低下。最典型的算是陶渊明，虽然他是空前绝后的大诗人，却坑害了下一代，同样是嗜饮无度，却美酒变成苦酒，害得自己的四个儿子尽是庸才。他写《责子》诗就说：老大懒惰无比，次子才能低下，十三岁的老三连简单的算数都不会，至于已届九岁的幼子，还只会讨水果吃——古人作诗为文大多掩饰吹嘘，何况是自矜名节的"靖节先生"乎？然而他却作诗"唱衰"儿子们的现状乃至未来，这样的举动也证明他是真的很失望，只能继续泡在酒里，"且进杯中物"了。后来梁太子萧统说陶渊明作诗是"其意不在酒，亦寄酒为迹焉"，基本也评点到位。所以，陶氏这诗舍得给自己一刀，看似"责子"，实则未必不是在"责己"贪杯吧。

　　上面说起贵妃醉酒，这里也顺便聊一聊女性醉酒。不管古今中外，假如街头有两个女人互相掐架，那围观者数量一定比两个男人互殴要多。总之，古人笔下所玩味的女子饮酒宿醉，大概也就如同玩味女子吟诗作画，乃至虚构些女子考状元中进士一样，大多是男权社会观念强加女性的赏玩与意淫，是他们觉得很可费笔墨描述的美事，从深层次来讲自然也不乏性别歧视的成分在里边。单就格调已属第一的《红楼梦》而言，醉酒描写已然不少；而与《水浒传》一类男性荷尔蒙弥漫的小说相比，《红楼梦》里醉酒打架斗殴之事亦有，写起女子醉酒还是殊为别致。比如刘姥姥和史湘云两个身份地位截然不同的醉酒女子，一老一少、一媸一妍。《红楼梦》第四十一回"栊翠庵茶品梅花雪，怪红院劫遇母蝗虫"写道：

　　（刘姥姥）他此时又带了七八分醉，又走乏了，便一屁股坐在床上，只说歇歇，不承望身不由己，前仰后合的，朦胧着两眼，一歪身就睡熟在床上。……袭人一直进了房门，转过集锦槅子，就听的鼾齁如雷。忙进来，只闻见酒屁臭气，满屋一瞧，只见刘姥姥扎手舞脚的仰卧在床上。

第六十二回"憨湘云醉眠芍药裀，呆香菱情解石榴裙"写史湘云醉酒：

果见湘云卧于山石僻处一个石凳子上，业经香梦沉酣，四面芍药花飞了一身，满头脸衣襟上皆是红香散乱，手中的扇子在地下，也半被落花埋了，一群蜂蝶闹穰穰的围着他，又用鲛帕包了一包芍药花瓣枕着。

清·孙温绘《红楼梦》"憨湘云醉眠芍药裀"

清·孙温绘《红楼梦》"刘姥姥醉卧怡红院"

贾宝玉曾经因为李奶娘吃了他两个豆腐皮包子大为光火，烂醉的刘姥姥误闯入宝玉房里放臭屁睡大觉却能全身而退，这大概得归在国人"法不责醉"的暧昧态度上了。至于史湘云这样的开朗美女醉倒在花丛中，既是很符合人物性格的写法，又能令读者想象那靓丽美景，生起几分怜香惜玉的情感。

在无神论者眼里，酒本身并无善恶之分，它只是一种特殊的饮料，是否会产生什么副作用，全在饮用者自己的把握。《说文解字》讲得好："酒者，就也。所以就人性之善恶……一曰造也，吉凶所造也。"酒的作用或造成的后果，其实在于饮酒者自身的素质。《汉书·食货志》说："酒者，天之美禄，帝王所以颐养天下，享祀祈福，扶衰养疾。百礼之会，非酒不行。"虽然有美化抬高之嫌，但"百礼之会，非酒不行"在古今中外却是事实。清代大词人纳兰性德曾说：

不知何事萦怀抱，醒也无聊，醉也无聊，梦也何曾到谢桥。

醉后是否无聊，这得看心情决定，但大概是无聊之时居多，既然如此，何必强饮？总之，饮酒不可贪杯，也万不可将现实与小说描写混淆，这个不必多说。

（四）暧昧的劝酒

说起中外喝酒习俗的异同，实则与中外不同的气候、文化、宗教、国民性甚至人类基因等各种因素都有关系。与西方相比，中国素来是个没多少纯粹宗教信仰的世俗化社会，即使是道教和佛教，很长一段历史时期也并不排斥饮酒。再加上中国人的基因似乎本就不是特别爱好杯中物，所以古代历史上的几次禁酒运动，大多进行得不愠不火。拿《三国演义》来说，描写战争权术一时无两，但写起饮食吃饭来大多了无生趣，那大概得怪罪于作者对那时的食馔不感兴趣也无甚了解。至于写酒，虽缺乏后几部伟大小说那般能细细写来的功夫，却也能时常借着酒元素生发出各种情节。譬如说禁酒，吕布因为禁酒得罪了部下，结果反被捆绑卖给曹操，可谓报应不爽；曹操颁布禁酒令惹得孔融写信争辩，殊不知阿瞒老早就看孔北海有火气，结果正好撞枪口上，于是把这位同列"建安七子"的大文豪给砍头了。细细究来，两件事都不过是以禁酒为导火索，实质却与禁酒无太大瓜葛。

曹操这位枭雄，大概也算是《三国演义》里头与酒渊源最深者，比如大家都知道的名句"何以解忧，唯有杜康"和曹刘两人的"煮酒论英雄"。至于刘备，小说《三国演义》将他定位为仁君，但假若有兴趣翻看正史《三国志》，则明白他其实也是曹操一类的枭雄。在史书中就记载有简雍劝刘备解酒禁的故事，比起人头落地的孔融，简雍就幸运得多了：

时天旱禁酒，酿者有刑。吏于人家索得酿具，论者欲令与作酒者同罚。雍与先主游观，见一男女行道，谓先主曰："彼人欲行淫，何以不缚？"先主曰："卿何以知之？"雍对曰："彼有其具，与欲酿者同。"先主大笑，而原欲酿者。

刘备入蜀之后占着"天府之国"之便得以二分天下发展迅猛，那个时代打仗太多，容易闹灾荒，刘备不得不搞生产攒着点粮食，顺便惩罚那些家里私藏酿酒器具、准备拿粮食酿酒的人。某日，刘备与谋士简雍行街，路上看到一男一女走路，简先生先发言道：这对男女打算通奸啊，为什么不赶紧捆起来法办？刘备一时懵了，问道：先生你怎么看出来的？简雍答曰：因为这两人身上有可以做坏事的器官啊，这不是和家有酿酒工具的人一个道理吗？最后，"先主大笑，而原欲酿者"。

明万历十九年金陵周曰校刊本《三国演义》"青梅煮酒论英雄"

禁酒政策执行不力，从某方面来说该算是幸事，毕竟证明了中国人骨子里没有豪饮滥饮的因子。不过矛盾在于，国民如此不善饮酒，却能生生发展出玄妙且厚黑的酒桌文化，也是异事一桩。

酒桌文化如何发展到如斯地步，当然不是片言只语解释得清楚的，但可肯定的是与中国人"重礼"的观念脱不了关系。古人讲究礼节，反映在饮食上亦然，所以就算是喝酒，其中的门道和礼数也颇多。唐代笔记《云麓漫钞》说："今僧徒饮酒亦有廋语，呼为'般若汤'，又云'不嗒'，言'不揖而径饮'也。""嗒"

（rě），是古人交往时边行叉手礼，边道句祝福话的礼节。《水浒传》里常见好汉们进酒店打算大块吃肉，小二上前"唱个喏"，即是如此。而和尚们偷喝酒又被称为"不喏"，也可以看出正规的酒桌上觥筹来往间是需要这个礼数的。白居易有一首有名的酒诗《问刘十九》很受后人喜爱："绿蚁新醅酒，红泥小火炉。晚来天欲雪，能饮一杯无？"显然，此诗是在向友人邀约劝酒，不过走的是古朴高雅的路子，舒缓得多。或许这才是古代文人真正向往的觞饮场景：三两好友、新制佳酿、围炉夜话筛酒吃，这意境和情趣自然非小说里动辄二三十海碗的梁山好汉能比得了的。

　　向人劝酒时所说的话，也是一门艺术。今人谈劝酒分什么"文劝""武劝""罚劝"之类，其实不大精当。在古代，罚劝者，那多半是玩酒令游戏，服从规则、愿赌服输，无须动用语言的力量。相较之下，靠说话把对方将死，令人心悦诚服或心有不甘地喝下一盏，那才是上佳的本领。譬如《三国演义》写诸葛恪给张昭劝酒的故事，就很能拿捏言辞的分寸感：

　　又一日，大宴官僚，权命恪把盏。巡至张昭面前，昭不饮，曰："此非养老之礼也。"权谓恪曰："汝能强子布饮乎？"恪领命，乃谓昭曰："昔姜尚父年九十，秉旄仗钺，未尝言老。今临阵之日，先生在后；饮酒之日，先生在前：何谓不养老也？"昭无言可答，只得强饮。

根据小说的描写，当时的诸葛恪年方六岁，却是个早熟的天才儿童。酒席上张昭老成持重，不肯饮小毛孩递上的酒。于是这个神童开始劝酒，先搬出九十高龄的姜子牙带兵打仗为例，紧接着矛头调转，用一句话的诡辩就把老先生噎死了。也难为了这位正史里评价甚高的能臣，在小说里却先被诸葛亮舌战群儒羞辱，后被诸葛恪小子劝酒，连着被他诸葛家两代人戏弄，真是憋屈。

前文已说，国人的酒量其实向来并不太大，但国人的酒桌文化却很是波澜壮阔、蔚为大观。这看似矛盾，实则在理。因为中国人太多，性格又讲求热闹。大家聚在一桌吃饭，必定是觥筹交错、礼尚往来，劝酒这回事即是如此。这就好比《水浒传》里纳投名状，林冲要跑到遍地杀人犯的梁山落草，入伙条件就是提个人头前去，让自己和王伦那帮蠹贼处于同样境地。那么劝酒一事也就顺理成章了——假使你想要融入酒桌，就得表明诚意，要么"拉人入伙"，要么"投名献状"。总之，在劝与被劝之间，干脆大家一同醉倒，"逼上梁山"吧！

有劝酒文化，自然也不能落下陪酒文化。陪酒的历史，说来古老，早先陪酒工作是男人来干。譬如《史记》写鸿门宴里"项庄舞剑"，表现形式是舞剑陪酒，实质目的是取刘邦人头。又写汉初时著名大老粗兼酒鬼灌夫，"及饮酒酣，夫起舞，属丞相"，他去到丞相田蚡那陪酒，中途借着酒劲上头，竟邀请田蚡和自己跳舞。大概因男人双双翩翩起舞的画面太过别扭，汉末以后，陪酒以及歌舞的任务主要落到女性头上了。尤其是唐宋两代，女妓陪酒这件事都能直接促成"词"这一绚烂的古代文学体裁出现，也足证陪酒之道虽小，其指大焉。唐代诗与小说极为发达，和陪酒相关的诗也大量产出，李白诗说"把酒领美人，请歌邯郸词"，这种诗简直不可计数。白居易的弟弟白行简，写了部传奇小说《李娃传》，主角是个官二代的贵公子，因为整日去青楼找女妓陪酒，"日会倡优济类，押戏游宴"，坑到自己囊中羞涩、荷包扁扁，气坏了老父，被逐出家门，才有了后来浪子回头的故事情节。

明·甄伟《西汉演义》"贺亡秦鸿门设宴"

到了"世德败坏"的明代，风气自然更开放。《水浒传》第二十四回，潘金莲要勾引小叔武二郎，使用的终极招数就是陪酒。第一回合"那妇人陪武松吃了几杯酒，一双眼只看着武松的身上"，大概因为武大郎在场，不好太露骨。等到第二次独处，潘氏立即抓紧机会自荐来陪酒，要与小叔子"自饮三杯"，于是古代小说史上的著名勾引情节就此产生：

那妇人暖了一注子酒，来到房里，一只手拿着注子，一只手便去武松肩胛上只一捏，说道："叔叔只穿这些衣裳，不冷？"武松已自有五分不快意，也不应他。那妇人见他不应，劈手便来夺火箸，口里道："叔叔你不会簇火，我与你拨火。只要一似火盆常热便好。"武松有八分焦躁，只不做声。那妇人欲心似火，不看武松焦躁，便放了火箸，却筛一盏酒来，自呷了一口，剩了大半盏，看着武松道："你若有心，吃我这半盏儿残酒。"

金圣叹曾对这段描写做评论，说之前潘金莲连续尊称了武松三十九次"叔叔"，临来最后一句换成"你"，陪酒目的呼之欲出，堪称妙心妙笔。然而武松终究是好汉，结局必定是打翻残酒，手刃淫妇。当相似一出发生在《西游记》里，写到孙悟空"深入敌后"陪铁扇公主吃酒时，却把这种求取关系倒转过来，没了细微的紧张感，却多了诙谐，亦是可观：

酒至数巡，罗刹觉有半酣，色情微动，就和孙大圣挨挨擦擦，搭搭拈拈，携着手，俏语温存，并着肩，低声俯就。将一杯酒，你喝一口，我喝一口，却又哺果。大圣假意虚情，相陪相笑，没奈何，也与他相倚相偎。

面对春情萌动的铁扇公主，化身老牛的孙猴子虽不解风情，但也是做足戏份，陪喝陪聊一条龙服务。说到底，共饮一盏酒这种事，只是看似陪酒，实则脱不开男女暧昧的意思；而陪酒则不论男女，通常是带着任务和目的上阵，身不由己罢了。

陪酒与女性尤其相关，不外乎旧时代里男主女从观念作祟。《世说新语》里讲到晋代石崇炫势炫富，手段之一就是聚敛起宾客，大家吃酒，美女作陪。如果客人杯中酒没有喝光，那说明他们不够尽兴，石崇就命人拉陪酒女出去砍头"聊表歉意"。某天轮到大将军王敦，这位斗气的主硬是不喝酒，害得三个美女被杀，直叫同来的丞相王导跺脚喊可惜。王敦撇嘴一笑说："石崇他杀他家的人，与你何干？"可见女性涉足陪酒很是受到父权社会的迫害，大多时候充满歧视意味。又如《清稗类钞》有一则《旗俗重小姑》故事记载了当时满族人"小姑入席"的奇怪风俗：

旗俗，家庭之间，礼节最繁重。而未字之小姑，其尊亚于姑，宴居会食，翁姑上坐，小姑侧坐，媳妇则侍立于旁，进盘匜、奉巾帨惟谨，如仆媪焉。

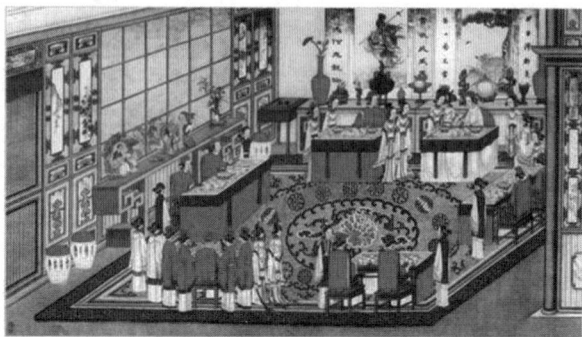

清·孙温绘《红楼梦》"贾母寿宴"

　　家庭宴会之时，婆母上座自不用说，然而下来却轮到小姑侧坐，反倒是主家的媳妇如同女仆下人一般在酒席旁边侍奉，时不时地还得端盘子、递毛巾之类。所以《红楼梦》第七十一回写贾母寿宴之时是"邢夫人王夫人带领尤氏凤姐并族中几个媳妇，两溜雁翅站在贾母身后侍立"，想象这么一副场景令今人感觉怪异，但足证历史真实面貌。时至今日，北方某些地方还保有农村习俗，倘有客至，则筵席间主家女子不得上座，也算是过去陋习顽固留存的活证据之一。又如清末小说《老残游记二集》，斗姥宫里尼姑逸云谈起庵里众尼给香客陪酒：

　　倳看我们这样打扮，并不是像那倚门卖笑的娼妓，当初原为接待上山烧香的上客：或是官，或是绅，大概全是读书的人居多，所以我们从小全得读书，读到半通就念经典，做功课，有官绅来陪着讲讲话，不讨人嫌……虽说一样的陪客，饮酒行令。间或有喜欢风流的客，随便诙谐两句，也未尝不可对答。

尼姑陪酒的乱象看似天方夜谭，真实情况想必只多不少。就像《红楼梦》写贾芹当上水月庵总管后，把偌大个尼庵搞得乌烟瘴气，被人写了匿名打油诗挂在荣国府门口："西贝草斤年纪轻，水月庵里管尼僧。一个男人多少女，窝娼聚赌是陶情。"贾政看到气得不行，打算"把芹儿和女尼女道等都叫进府来查办"。虽说罪名是"窝娼"加"聚赌"，不过依常理推断，想必也与这个纨绔子让女尼陪酒脱不了干系吧？

（五）酒令与猜拳

酒令是个充满了民间、民俗、民生趣味和情怀的现象，值得大书一笔。

《红楼梦》第二十八回写贾宝玉、冯紫英、蒋玉菡等男人饮酒行酒令，宝玉为令官，出的规则是："要说悲、愁、喜、乐四字，却要说出'女儿'来，还要注明这四字原故。说完了，饮门杯。酒面要唱一个新鲜时样曲子，酒底要席上生风一样东西，或古诗、旧对、《四书》《五经》成语。"然后自己先作示范：

宝玉说道："女儿悲，青春已大守空闺。女儿愁，悔教夫婿觅封侯。女儿喜，对镜晨妆颜色美。女儿乐，秋千架上春衫薄。"
众人听了，都道："说得有理。"薛蟠独扬着脸摇头说："不好，
该罚！"众人问："如何该罚？"薛蟠道："他说的我通不懂，怎么
不该罚？"云儿便拧他一把，笑道："你悄悄的想你的罢。回来说
不出，又该罚了。"于是拿琵琶听宝玉唱道："滴不尽相思血泪抛
红豆，开不完春柳春花满画楼，睡不稳纱窗风雨黄昏后，忘不了
新愁与旧愁，咽不下玉粒金莼噎满喉，照不见菱花镜里形容瘦。
展不开的眉头，捱不明的更漏。呀！恰便似遮不住的青山隐隐，
流不断的绿水悠悠。"唱完，大家齐声喝彩，独薛蟠说无板。宝
玉饮了门杯，便拈起一片梨来，说道："雨打梨花深闭门。"完
了令。

这酒令无疑是有点难，没有较为厚实的古文学底子是难以办
到的。而偏偏酒客中还有那位一窍不通的莽汉薛蟠在场，这就笑
料百出了。那呆霸王只会乱七八糟地哼什么"女儿悲，嫁了个男
人是乌龟"，以及"一个蚊子哼哼哼""两个苍蝇嗡嗡嗡"的
"哼哼韵"曲子，还有些更为不堪的句子，让众人扭头别脸尴尬
不已。由此，实则也反映出行酒令是个雅俗都可玩赏的活动。

清·孙温绘《红楼梦》"宝玉行酒令"

　　酒令，是众人宴饮时为助兴及联谊所发明出的一系列酒桌游戏。大抵都是推举其中一人做"令官"，由他定出游戏规则，大家按照规则玩。违令者或不能完成者要罚饮酒若干杯。

　　酒令的起源挺早。《史记·齐悼惠王世家》载刘邦死后，吕雉专权，刘氏子孙不服。一次吕雉开宴会，想玩新花样，实际上可能还带有威慑刘氏子孙的意思，教刘邦的孙子刘章当"酒吏"，监督众人饮酒，允许他"以军法行酒"，刘章于是唱了一首《耕田歌》，就带着剑站在旁边。结果，吕后的亲戚里有一人没履行酒令，"酒吏"就拔剑追着人跑把头砍下来，把那位专扈的吕后气得够呛却又不好发作。一般认为，这是酒令的开端。不过明代焦竑在笔记《焦氏笔乘》中说，酒令的起源要比这更早，战国时魏文侯与百官饮酒，指定公乘不仁当"觞政"，这才是酒令之始。这也不必去考证，总之酒令的历史已经很长了。

旧时酒令并没有什么统一规则，而是由令官临时发挥决定。所以酒令的具体内容是千奇百怪啥都有。不过要是勉强给它归类的话，大抵可分雅令、通令和筹令几大类。

雅令是文人间的酒令，形式多为吟诗作对的口头文字游戏。大家都知道唐代诗人李商隐的著名诗句"身无彩凤双飞翼，心有灵犀一点通"，那么它的后两句是什么呢？——"隔座送钩春酒暖，分曹射覆蜡灯红"，这里的"射覆"就是酒令游戏。射覆可说是最为古老的酒令游戏之一，《红楼梦》里描写红香圃里众人给宝玉等四人设宴庆生，席间欲择一酒令玩耍，最后抽出的恰是"射覆"，宝钗就笑说："把个令祖宗拈出来了，射覆从古有的。"

许多雅令活动，胸中若不是装得几百首唐诗的人是没法参加的。《镜花缘》中百名才女全是雅人，作者又急于炫耀才学，酒令描写是少不了的，仅回目中就有第八十二回的"行酒令书句飞双声，辩古文字音讹叠韵"和第九十三回的"百花仙即景露禅机，众才女尽欢结酒令"。前者所描绘的酒令正是作者李汝珍所擅长的音韵学，规则如下：

若花道："此令并无深微奥妙，只消牙签四五十枝，每枝写上天文、地理、鸟兽、虫鱼、果木、花卉之类，旁边俱注两个小字，或双声，或叠韵。假如掣得天文双声，就在天文内说一双声；如系天文叠韵，就在天文内说一叠韵。说过之后，也照昨日再说一句经史子集之类，即用本字飞觞：或飞上一字，或飞下一字，悉听其便。以字之落处，饮酒接令；挨次轮转，通席都可行到。"

结果，光是写这一番酒令，作者就用去了六回篇幅，好几万字，终于把他的研究心得给发挥出来了，但读者可能没人有耐心读完这部分。当然，即便是雅人行雅令，小说作者也尽可插科打诨。除了上面提到的薛蟠，《红楼梦》写大观园女性老少玩牙牌酒令，轮到文盲刘姥姥吟诗，便只会说些"大火烧了毛毛虫""花儿落了结个大倭瓜"之类，虽然俗得透底，但不减兴味；而潇湘仙子林黛玉争胜心强，情急之下偏要挑《牡丹亭》《西厢记》里头来的"良辰美景奈何天""纱窗也没有红娘报"——这些"淫书"可都是封建社会大家闺秀看不得的，也难怪后来乖乖女宝钗要对着叛逆少女黛玉大讲道理。

通令指的是通行的、雅俗皆宜的酒令，如丢骨牌、划拳猜码等。其实称之为"俗令"更为合适，因为喜此道者基本上都是俗人。《金瓶梅》中一干人绝对称不上雅人，但有时居然也来个酒令玩玩，当然也就只能选通令。如第三十五回，西门庆和应伯爵等喝酒，应伯爵提议玩个酒令，由他当令官，规则是以他们玩的骨牌作道具，"掷着点儿，各人要骨牌名一句，见合着点数儿。如说不过来，罚一大杯酒，下家唱曲儿。不会唱曲儿，说笑话儿。两桩儿不会，定罚一大杯"。西门庆嫌这酒令繁难，骂道："怪狗材，忒韶刀了！"但还是玩下去了。

至于猜拳，又称豁拳、搳（huá）拳、划拳、拇战、猜码等。《清稗类钞·饮食》说："通俗所行之酒令，两人相对出手，各猜其所伸手指之数而合计之，以分胜负。五代时，史宏肇与苏逢吉饮酒，酒令作手势，即今搳拳之所昉也。搳拳之口语，一为一定，二为二喜，三为连升三级，四为四季平安，五为五经魁首，六为六六顺风，七为七巧，八为八马，九为九连灯，十为十全如意。"大致就是如此，当然各数字的叫法并不一定如此，如一可说成"一定发财"，二可说成"哥俩好"等。其实，唐诗中已有"城头击鼓传花枝，席上抟拳握松子"之句，这"抟拳握松子"可能已是猜拳的先声了。不过，古代小说中这类酒令的描写比较少，大概作者们嫌其过于粗俗。当然也不是没有，《二十年目睹之怪现状》第三十三回写道：

叫的局陆续都到，玉生代我叫的那沈月英也到了，只见他流星送目，翠黛舒眉，倒也十分清秀。玉生道："寡饮无味，我们何不豁拳呢？"小云道："算了罢，你酒将军的拳，没有人豁得过。"玉生不肯，一定要豁，于是打起通关来。一时履舄（xì）交错，钏动钗飞。我听见小云说他拳豁得好，便留神去看他出指头，一路轮过来到我，已被我看的差不多了，同他对豁五拳，却赢了他四拳。他不服气，再豁五拳，却又输给我三拳；他还不服气，要再豁，又拿大杯来赌酒，这回他居然输了个"直落五"。小云呵呵大笑道："酒将军的旗倒了！"

这种最简单的酒令在当今之世最为流行，毕竟任何时代都是俗人居多。

《镜花缘》中，还提到了用牙签来行酒令，这就相当于"筹令"，是借助道具，包括像竹签、木片、叶子等，于内写明一定的罚酒规则，以抽筹签的方式决定饮者。

关于筹令中的"叶子"也值得一聊。宋人吴处厚笔记《青箱杂记》卷八载，有张某拿一篇文章想登门向著名文人杨亿请教，结果去了几次都"值杨公与同辈打叶子，门吏不敢通"。欧阳修笔记《归田录》卷二说："叶子格者，自唐中世以后有之……唐世士人宴集，盛行叶子格。五代、国初犹然，后渐废不传。"可见这种酒桌游戏已有相当长的历史。明代文学家杨慎《六赤打叶子》说："叶子，如今之纸牌酒令。"似乎他所在的时代已经没有这种酒令形式，其实不然。明代画家陈洪绶曾分别画过两套酒牌，一为《水浒叶子》，一为《博古叶子》。前者全是小说人物；而后者全套四十八张，皆记载古代著名人物故事，有的人是真实所有，有的人则是小说虚构。叶子牌面上写有酒令规则。如"九万贯"画的是唐传奇《虬髯客》中虬髯客将毕生财产赠予李靖的情节，画中满脸胡子的虬髯客，很是豪气干云。右侧文字为："虬髯客知雄守雌，捐珠得所。矫矫游龙，择地安处。"左侧文字为："出席授新相知者一杯，退而自饮一爵。"显然，右边的文字只是对画意的题词，没有什么实际意义；左边的文字则是酒令规则——摸得此牌者，须从酒席上站起来，先敬席上新认识的宾客一杯酒，然后自己再喝一大杯。

明·陈洪绶绘《水浒叶子》史进　　明·陈洪绶绘《博古叶子》虬髯客

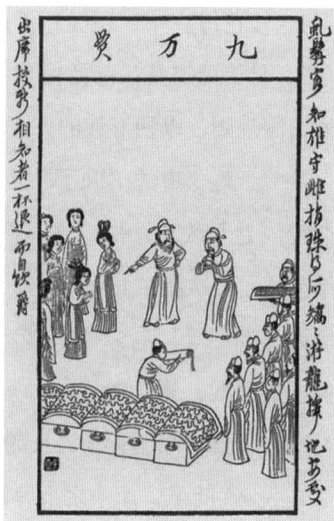

古代各式文学体裁里，酒令的描写频率也异常多。这可能是因为写文字的权利被知识分子和士大夫所掌握，倘若换成是乡野间的粗俗划拳，恐怕他们也是不屑记录的。不过，到了明清两代，整个社会上下通气，流动性大，也颇带动小说里的酒令描写

"雅俗难分野"了。比如历经荣辱的曹雪芹自诩为"燕酒徒"，经常当了能换钱的家当买酒喝。蒲松龄一辈子功名运气不佳，所以行酒令的词曰："三字同头哭咒骂，三字同旁狗狐狼，山野声声哭咒骂，只因道道狗狐狼。"真的是愤世嫉俗，字字不离狐鬼的聊斋本色了。《聊斋志异》有一篇《鬼令》写鬼行酒令的故事，说的是一位姓展的教谕官死后与一群鬼饮酒行令，玩的是文字令：

或以字为令曰："田字不透风，十字在当中；十字推上去，古字赢一锺。"一人曰："回字不透风，口字在当中；口字推上去，吕字赢一锺。"一人曰："图字不透风，令字在当中；令字推上去，含字赢一锺。"又一人曰："困字不透风，木字在当中；木字推上去，杏字赢一锺。"末至展，凝思不得。众笑曰："既不能令，须当受命。"飞一觥来。展即云："我得之矣：曰字不透风，一字在当中。"众又笑曰："推作何物？"展吸尽曰："一字推上去，一口一大锺！"相与大笑。

这样的酒令，既不大雅，亦不过俗，实在是可以效仿的。可惜也可叹的是，现时日常所玩的酒令游戏，大半已为"五魁首啊六六顺"这样的划拳占去，已经完全脱离了像《红楼梦》和《镜花缘》中众人联诗行酒令的风雅精神。酒席间的文字游戏不再，这不消说；就连祖辈们记载的上百种酒令游戏，如今还能在觥筹交错间见到的，怕是只有胸怀慕古情结的有心者起意模仿才能得其一二吧。

六、茗茶篇

　　与四大发明一样，茶也是中国人的发明。尽管把神农氏尊为茶的发明者可能只是传说，但茶的历史确是很古老了。对中国文化粗通的传教士利玛窦说中国古书中没有"茶"字，所以茶的历史不会很长，可他不知道茶本来叫"荼"（tú），又称"茗""荈"（chuǎn）等。《晏子春秋》说春秋时的齐国贤相晏婴非常节俭，吃得很简单，"食脱粟之饭，炙三弋、五卵、茗、菜而已"，即吃点糙米饭，菜是烤几只小鸟和蛋，再加一点蔬菜和粗茶，就完事了。中国最古老的辞书《尔雅》就有："槚（jiǎ），苦荼。"晋人郭璞作注说，这种树的叶子"可煮作羹饮。今呼早采者为荼，晚取者为茗"，当然就是茶。清代学者顾炎武说大约是南朝梁以后才把"荼"字去掉一划写成"茶"，且改读（chá）音的。茶在中国，少说也有三千年以上的历史了。

　　作为饮食品类之一，茶对中国人的重要性，可能仅次于饭。英国人罗伯茨在《东食西渐：西方人眼中的中国饮食文化》一书引用他的前辈的话说："一个中国人只要有了豆腐、茶叶和米饭这三件宝，干起活来就浑身是劲。"此话多少有些道理（他又说

"中国人习惯喝茶时嘴里含块糖"，这就完全是想当然了）。中国人的待客之道，首先是敬上一杯热茶；友人相聚小酌或举办宴会，无疑也是以上茶开始而又以饮茶结束的。而对更多的中国人而言，饮茶是每天必不可少的生活要素，如果没有这种特殊饮料相伴，他们会觉得生活黯淡无趣难以忍受。有的人甚至连泡过的茶叶也不愿丢掉而吞下肚，电影《长征》中的毛泽东就是这样，据说这正是他真实的生活习惯之一。这并非特例，清徐珂《清稗类钞·饮食类》就说："湘人于茶，不惟饮其汁，辄并茶叶而咀嚼之。人家有客至，必烹茶，若就壶斟之以奉客，为不敬。客去，启茶碗之盖，中无所有，盖茶叶已入腹矣。"毛泽东正是湘人。

茶之分属有二。其一是从茶性质区别，分为不发酵茶、半发酵茶和发酵茶。不发酵茶包括传统上的绿茶，如龙井、碧螺春、眉茶等。半发酵茶，如乌龙茶、铁观音，亦是国人常饮之茶。至于发酵茶，主要是红茶，为西方人所喜爱，中国也有祁门红茶等，但市场份额不大。其二是从压制形状分，除常见的烘干散状茶叶外，还有团茶、沱茶、砖茶等。此外，更有花茶和水果茶这样的"旁门左道"。明田艺蘅《煮泉小品》说："人有以梅花、菊花、茉莉花荐茶者，虽风韵可赏，亦损茶味。如有佳茶，亦无事此。"言下之意视其为非主流。而水果茶，若严格定义，应属于茶加料的饮、食并存范畴了，下文尚会详述之。

宋·刘松年绘《茗园赌图》"聚众斗茶"

除茶叶本身之外，对饮茶所用之水，古人也颇考究。《红楼梦》里，贾母众人到栊翠庵，擅长茶道的妙玉给贾母上茶，用的是"旧年蠲的雨水"，接着又将宝黛二人请入耳房，拿出私藏的"梯己茶"款待，茶水愈发高级，妙玉说是"五年前我在玄墓蟠香寺住着，收的梅花上的雪，共得了那一鬼脸青的花瓮一瓮，总舍不得吃，埋在地下，今年夏天才开了"。在古人看来，茶水档次大概可略排列为"雪水 > 雨水 > 泉水 > 井水 > 其他水"。摒去平常所见的地表水，来源自是越高越稀有为佳，山泉尚嫌不足，则要老天降下的雨雪了。而井水一类地下水，久处阴质土表之下，水质清凉凛冽，所以妙玉奉上埋于地下之雪水所制的珍藏茶，黛玉喝不出来历，遭到嘲笑，实在也怪不得妙玉傲慢。这种讲究，也确实是古代钟鸣鼎食之家才能有的，倘若现在，且不论收集困难，而以空气污染之重，更遑论其他？又第二十三回贾宝玉写《冬夜即事》诗，诗句云"却喜侍儿知试茗，扫将新雪及时烹"，不过落在地上的雪，到底是比梅花雪降了一个身段，心性傲洁的妙玉，大概也看不上吧。

据说，一百二十回的《红楼梦》，竟有一百一十二回文字涉及茶，而全书写茶事有近三百处，咏茶诗有十多首。曾有研究者给《中国茶文化》作序后提到，明清小说出现"茶"字的频率分别为：《红楼梦》17.82%、《水浒传》6.59%、《老残游记》9.81%、《官场现形记》9.5%、《拍案惊奇》7.4%、《儿女英雄传》11.07%、《二十年目睹之怪现状》7.59%。所以古代小说里，绝不乏像妙玉一类的炊茗高手，很可代表古人对茶之精研与追求。《红楼梦》小说里描写茶事虽多，但最让人难忘者还在于妙玉此话：

一杯为品，二杯即是解渴的蠢物，三杯便是饮牛饮骡了。

妙玉性格有点钻牛角尖，按她的观点，饮茶只能饮一杯，超过就是蠢人加老粗了，这也太过绝对，倘若佳茗当前，饮个两三杯又何妨？

清·改琦绘《红楼梦图咏》妙玉像

与酒之刚烈相比，茶则淡柔。苏东坡曾写过一篇寓言传记小说《叶嘉传》，将茶拟为名"叶嘉"之高士，盛赞其"正色苦谏，竭力许国"，说的正是饮茶的入口回甘和风靡天下的情形，相较于唐传奇里将酒拟为只会高谈阔论的"曲秀才"，这种调调确乎更得文人青睐。《清异录》说茶"面目严冷，了无和美之态，可谓冷面草",批评过甚,但也足证茶性之侧面。中国文学若没有茶的浸润,自然要失其高冷清峻,只剩一味地热烈奔放了,这得失去多少韵味?至于柔,古往今来则多用茶比女子,像苏东坡作诗说"从来佳茗似佳人",少女角色众多的《红楼梦》,连无足轻重的甄宝玉也强调,若要谈论女儿家的话题,万不可唐突,"但凡要说的时节,必用净水香茶漱了口方可"。林语堂也曾写文说过茶要喝第二泡,如此则不浓不淡正相宜,至于原因,他也是以女子比喻:"第一泡譬如一个十二三岁的幼女,第二泡为年龄恰当的十六岁的女郎,而第三泡则是少妇了。"

饮茶之道,实际上也是提倡"为生活的艺术"。唐宋人以烹煎之法喝茶,乃是时代所限,日本人模仿并保留到现代,穿和服、正襟危坐,行繁缛的煎、抹茶道,于吾民看来,虽未必接受,但内心想必也暗暗叹服。如同西方人喝咖啡,俨然已是可以用咖啡机解决一切了,可也不妨碍追求精致的少数人,动用手工研磨咖啡豆,享受慢慢制作的乐趣。相比之下,倒是我们社会步入快节奏,失去了一些"闲适"的生活体悟,茶文化恐怕也是体现得比较明显的。

中国茶属性虽柔,不过舶至外国却性情大变。典型的两个例子,都与喜好喝茶的英国有关,一则苦了中国,一则乐了美国。可以说,近代中美一衰落一崛起,间接原因都在于茶贸易。自茶传入西欧国家后,吃惯油腻食物的西方人体会到了喝茶的妙处,如获至宝,英国人直接化用改造,成为举国流行之下午茶文化,其民谣曰"当时钟敲响四下时，世上的一切瞬间为茶而停"。随着中英贸易频繁，英国对茶需求量巨大，却没相应的商品卖与自给自足的中国，只好使银圆交易，久之造成贸易逆差，英国苦思对策，最终拿出鸦片方案，由此引鸦片战争，中国从此陷入半殖民地状态。与之相比，美利坚合众国的独立，却是托茶之福，盖因殖民地人民不满英国征收茶叶重税，进而打响第一声枪声，遂成就一朝伟业。

（一）解渴之外，也看疗效

茶之所以大受全世界人民欢迎，除解渴这一首要功效外，也对身体大有裨益。唐代笔记《国史补》记，唐宣宗时期，皇都洛阳来了个一百三十岁的高僧，皇帝召见他，问高僧吃什么药来保持长寿，答曰："唯嗜茶而已，百碗不厌。别无他法。"茶不但有延年益寿之功还能作用于人类饮食的机理，具有除烦去腻的消食作用。据科学研究这是因茶叶有茶碱和茶多酚物质，能够消解油腻。明顾元庆《茶谱》曾总结说："人饮真茶，能止渴、消食、除痰、少睡、利水道、明目、益思、除烦、去腻。人固不可一日无茶。"对茶的功用归纳得较全面。

自唐代始，人们对茶的功效已有相当了解。茶之效用远播塞外，渐渐吸引了少数民族，产生了中国边疆长期存在的"茶马互市"。究其根本，仍在于茶之效用，实为人类饮食不可缺少之物。

唐笔记小说《封氏闻见记》说："往年回鹘入朝，大驱名马，市茶而归，亦足怪焉。"以中原人眼光视之，觉得西北回鹘边民拿名马来换茶叶，很是奇怪。殊不知游牧民族往往以肉食为主，需要借助茶来消除腹中烦腻，补充维生素。后来顾炎武就曾论说元代入主中原的蒙古人，"以其腥肉之食非茶不消，青稞之热非茶不解"，这个认识已经很深刻了。值得一提的是，我国藏地居民，往往喜饮酥油茶，此茶之奇特，在于它是混合高热量的奶酥油与浓茶所制。《国史补》记："常鲁公使西蕃，烹茶帐中，赞普问曰：'此为何物？'鲁公曰：'涤烦疗渴，所谓茶也。'赞普曰：'我此亦有。'遂命出之。"不知这西域之茶，是否和中原同为一物。《清稗类钞·饮食类》说："诸番之地，不产五谷，种青稞，牧牛羊，所食惟酪浆、糌粑，间有食生牛肉者。嗜饮茶，缘腥膻油腻之物塞肠胃，必赖茶以荡涤之。"

宋·张择端绘《清明上河图》"茶马互市"

有关茶对肉类的消解作用，各种医书史料记载颇详，此处专以小说资料佐证之。笔记小说《唐语林》有一则故事有关饮茶消腻，颇为有趣：

唐代著名诗人郎士元作诗轻薄，平时还喜故作惊人之论，曾调侃当时的大将军镇西节度使马燧，说他"马镇西不入茶"。马燧闻言后，与之相约打赌饮茶。赴约早晨，马燧先饱餐了一顿名为"古楼子"的食物。古楼子一物，为当时富豪之家常吃，其做法是取巨大的胡饼数张，拿一斤羊肉夹于每张饼之间，同时配以椒豉，再注入酥油，将羊肉烤至半熟即可食用。吃了古楼子的马大将军早已口干舌燥，待郎士元至，急命人烹茶，两人各饮二十多碗。此时的诗人，肚子已是"虚冷腹胀"，准备告饶离开，马燧发话道："士元兄，你说我不能喝茶，如何却要先走？"然后又饮尽七碗茶。其实郎士元说马燧"不入茶"是说他不懂茶道，可马燧却咬定郎士元说他"不能喝茶"，郎士元这回真算是秀才遇到兵了。最后，郎士元被逼喝了好多茶水，终于实在喝不下要告辞，还未及上马，"气液俱下"，真正的"屁滚尿流"，归家后还病了好多天。马燧呢，大概心里也有点过意不去，送了两百匹绢安慰身心俱伤的郎士元。

由古楼子食材可见，这饼乃是一种集高热量与高淀粉的重油腻食物，正适宜大量饮茶来消解。马将军这一步狠招逼迫只会夸口的郎诗人，足见磨嘴皮子的不如动真功夫的。如今日本美食有"怀石料理"，又称"茶怀石"，究其溯源也是由中土传入，其正宗吃法，就是要先吃一轮有各式菜肴的正餐至六七分饱，之后方可进入核心的"茶席"，体验日本茶道。由此可见，茶虽养生，但前提是得有一定的食物垫肚子，否则无从消解，徒累脾胃。

稍晚出的笔记小说《玉泉子》则另有一个故事，稍作夸张之笔，说的是宰相李德裕"化肉为水"来检验茶叶之功效：有人到舒州做官，李德裕对他说：你到当地去，帮我带三小包天柱峰茶。结果此人带回几十斤茶，李德裕却之不受——那么大的量，想来也不是费心所找的名茶。又过一年，此人用心挑茶，带回几小包给李德裕。李看过之后收下，说："此茶可以消酒食毒。"然后命人烹一壶，把肉食泡于其中，用银盒加盖密闭。第二天打开检视，肉已化为水，众人都很是佩服。此则故事，同样讲茶之效用，但似过分夸张。若说喝茶过多伤脾胃不假，但茶之消解效果强烈到能令肉化做水，简直不该算茶，反倒近似"化骨水"之类的毒药了。

说到饮茶过甚的危害，古人也寻出解决对策。如苏东坡在其《仇池笔记》"谈茶"篇中写道：

除烦去腻，不可缺茶，然暗中损人不少。吾有一法，每食已以浓茶漱口，烦腻既出，而脾胃不知。肉在齿间，消缩脱去，不烦挑剌，而齿性便漱濯，缘此坚密。率皆用中下茶，其上者亦不常有，数日一啜，不为害也，此大有理。

饭后喝茶固然消食，但有人天生体质较弱，倘若用之不当，反损脾胃。苏轼身为著名美食家，所提出的以茶漱口代替饮用，亦有科学见地。《红楼梦》描写林黛玉初至荣国府，细心观察府上人事，就特别注意到饭后上茶，黛玉想起父亲教诲"以惜福养身，饭后务待饭粒咽尽，过一时再吃茶，方不伤脾胃"，正想改辙随俗，只见丫鬟捧来漱盂——此为漱口之茶，之后才端上饮用之茶。《红楼梦》里写用茶漱口的场景非常多，不独柔弱女性林黛玉和贵公子贾宝玉等，就连贾琏、薛蟠这样的也不免俗，乃至贾雨村和冷子兴闲谈，也强调说"先用清水香茶漱了口"。而到了现代社会，牙膏早已代替漱口茶，但若有兴趣细数面上带"茶"字样或功效的各种牙膏，还真是难以清点其数几何，这也可说是漱口茶留下的影响。

与茶圣陆羽成为忘年交的皎然和尚，曾作诗讲饮茶的三重境界："一饮涤昏寐，情来朗爽满天地。再饮清我神，忽如飞雨洒轻尘。三饮便得道，何须苦心破烦恼。"要从茶中悟道，毕竟太难，于一般人而言，能从中"涤昏""清神"，助益于身体，已是不可多得。杨绛女士在《喝茶》一文里说，西方饮茶未兴之时，东印度公司商人欲打开市场，请莱登大学庞德戈博士替茶大肆宣扬其功效："暖胃，清神，健脑，助长学问，尤能征服人类大敌——睡魔"，强调能够除瞌睡，这也算是西方人看待茶之效用的又一点特色。如此看来，西方人之所以能造出别致的下午茶文化，也多半与令人昏昏欲睡的午后时光有关。

（二）饮茶也要"食"

今天广东人所谓"叹早茶"，其实并非只是饮茶，同样重要甚至更为重要的还有"食"。这些"食"包括各种点心，名目甚多，名义上它们都属"茶食"，是"佐茶之食"，实际上谁是主角那就见仁见智了。老广人有所谓"一盅两件"的吃早茶法，旧时的一盅两件，不过为一壶茶配两碟粗制点心，本是下层劳苦人民的"快餐"，到现在，"两件"就变成无数件，自由点取了。当然，饮茶佐食并非广东专利。清李斗《扬州画舫录》记扬州有名茶点：

> 吾乡茶肆，甲于天下，多有以此为业者……其点心各据一方之盛。双虹楼烧饼，开风气之先，有糖馅、肉馅、干菜馅、苋菜馅之分；宜兴丁四官开蕙芳、集芳，以糟窨馒头得名；二梅轩以灌汤包子得名；雨莲以春饼得名；文杏园以稍麦得名，谓之鬼蓬头；品陆轩以淮饺得名；小方壶以菜饺得名，各极其盛。而城内外小茶肆或为油镟饼，或为甑儿糕，或为松毛包子，茆檐荜门，每旦络绎不绝。

虽然他没把这些茶楼中的小吃称为"茶食"，但无疑属于茶食之列。

茶食的历史比茶本身的历史要短一些。当茶发展到一定阶段，它就逐渐摆脱了纯粹饮料的低级身份，而开始具备休闲文化、交际文化的承载之物的高级身份。如此一来，它的饮用方式也随之做出调整，从满足生理需求的"牛饮"改为能够显示品位气质的"品啜"。慢慢品尝，本就是消磨时间。虽然茶水将尽时可随时添加，但是长时间嘴里只有那点茶苦味毕竟有点单调，为何不顺便弄点小吃放在旁边，边饮茶边享用呢？于是茶食产生了。

唐代之前的茶食情况在文献中少有记载，不甚了解，但其从宋代开始就出现大量记载。宋人吴自牧笔记《梦粱录·分茶酒店》说："杭城食店，多是效学京师人，开张亦效御厨体式，贵官家品件。凡点索茶食，大要及时，如欲速饱，先重后轻。"此茶食可以点索并能吃饱，与今天广东人早茶所用点心相近。明末《利玛窦中国札记》有更为明确的记载：

客人就坐以后，宅中最有训练的仆人穿着一身拖到脚踝的袍子，摆好一张装饰华美的桌子，上面按出席人数放好杯碟，里面盛满我们已有机会提到过的叫作茶的那种饮料和一些小块的甜果，这算是一种点心，用一把银匙吃。仆人先给贵宾上茶，然后顺序给别人上茶，最后才是坐在末座的主人。如果作客为时很长，仆人要再次甚至三四次地这样上一圈茶，每次都上一道不同的点心。

吃茶食在明清通俗小说中是常见的情节。而且从中可以看到，至少从明代开始，茶食并不局限于在饮茶时食用，它已经逐渐发展成为一类食品的总称，可以用作送礼之类了。这种现象在《金瓶梅》中尤多。如第十五回："李瓶儿一面分付迎春外边明间内放小卓儿，摆了四盒茶食，管待玳安。"第三十二回："不一时，小玉放卓儿，摆了八碟茶食，两碟点心，打发四个唱的吃了。"第三十九回："吴大舅、花子虚都到了，每人两盒细茶食，来点茶。西门庆都令吴道官收了。"第四十回："月娘向李瓶儿道：'他爹来了这一日，在前头哩。我教他吃茶食，他不吃。丫头有了饭了，你把你家小道士，替他穿上衣裳，抱到前头与他爹瞧瞧去。'"第五十二回："吴月娘将他原来的盒子，都装了些蒸酥茶食，打发起身。"又如《儒林外史》第四十三回："葛来官听见，买了两只板鸭、几样茶食，到船上送行。大爷又悄悄送了他一个荷包，装着四两银子，相别去了。"例子甚多，难以赘列，总之在这些场合，只有茶食而并未喝茶，并且那些茶食肯定是有多种式样的。

"茶食"也可称为"茶饼"。《醒世姻缘传》中出现多次，如小说第十六回："迟了一两日，晁夫人又差晁书押了四盒茶饼、四盒点心、二斤天池茶，送到寺内管待那诵经的僧人。"这里的"茶饼"与"点心"并列，并不包括在"点心"之内；而且既然一买就是四盒，应该不是单一品类。第三十回："那些和尚果也至至诚诚的讽诵真经。一日三顿上斋，两次茶饼，还有亲眷家去点茶的，管待得那些和尚屁滚尿流，喜不自胜。"这里的茶饼不是礼品，而是作为点心待客的。《金瓶梅》也有，第九十七回："春梅这里择定吉日，纳实行礼。十六盘羹果茶饼，两盘上头面，二盘珠翠，四抬酒，两牵羊。"

　　说到茶点与茶果，还不得不提古人饮茶上的一大创举——茶加料。初涉古代饮茶文化的读者，十有八九是要对这段往茶里倾倒各种物料的历史大跌眼镜的。

　　茶加物料的历史可说基本是伴随饮茶史一道发展的。毕竟，唐代茶文化发展以前的"饮茶"，或者说"吃茶"，常是将其作为食物料理之——譬如摘下整个茶叶带杆子，也无须焙制，直接丢到锅里加调料煮汤，如东坡诗所说："前人初用茗饮时，煮之无问叶与骨"，感觉很是简陋生猛。而早期的饮茶工序叫"煎茶"，也与此大有关系。这种风气，其实到唐代也没扭转过来，所以陆羽在《茶经》里批评说，有人拿葱、姜、橘子皮、薄荷等物入茶，"斯沟渠间弃水耳"，根本不是人喝的。茶圣陆羽既然发话，后世自然群起响应，如宋代蔡襄提出"茶有真香"之说："若烹点之际，又杂珍果香草，其夺益甚，正当不用。"蔡襄是个老好人，很委婉地劝大家不要放"珍果香草"破坏茶本味，后来沈长卿直接就开涮唐宋两代的"龙团凤饼"贡茶，说"以甜碱等物并鲜入之……殊可笑也！"总之，经过一大批清流文人前仆后继地鞭挞加提倡，终于令清茶饮用方式后来居上。

日·松谷山人吉村绘《煎茶图式》

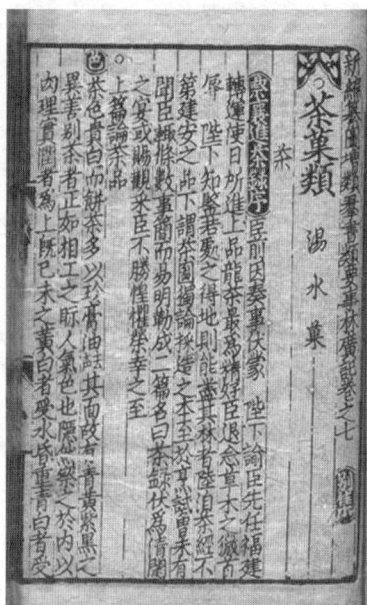

元至顺间刊本《新编纂图增类群书类要事林广记》书影"蔡襄进茶录序"

即使是士大夫阶层，也并不都是雅好清茶。明代小说家顾元庆在《云林遗事》里，说起前朝大画家倪瓒，性格狷介又有洁癖，有关他起居上的奇闻逸事不可胜数，其中一则有关当时茶加料之风气：倪瓒向来好饮茶，他用核桃、松子肉与真粉混在一起，制成小块石头形状，放入茶中，命名为"清泉白石茶"。有宋代宗室后裔名赵行恕者，仰慕倪瓒之名士风度，前来拜访。坐定后，童子奉上此茶。但赵行恕饮茶时神态自若，丝毫无意外之感。倪瓒愤愤然说："我以为你是王公贵族，以好茶待你，你却不解真味，真乃俗人！"从此绝交。

倪瓒"洁身自爱"，多半是将自己视为当世名士的，结果就造成了这种一边是倪瓒自鸣得意，一边却是赵王孙的不解风情，由此也可见古代的饮茶方式实在是多种多样，难说什么优劣。不过，茶加料者，如非要取其中较易令人接受者，大概亦只有如倪元镇这般，略加些果脯蜜饯之类。而流行的茶加料，如罗列之，可用绿豆、龙脑、麝香做主料，豆蔻、沉香、山椒、木樨、茉莉、橘花、枸杞、胡麻、白米辅料。至于加姜加盐，那只能算是调味，在当时饮茶者眼里，太过稀松平常。

各个时代饮食风尚殊异，茶加料反映的也是饮茶文化的雅俗分野。对平民而言，茶不光是解渴之物，其实质大概更近于饮料加零食。以古代通俗小说写饮食最好的《金瓶梅》与《红楼梦》而论，写饮茶场面也极多，但两者差异巨大。《红楼梦》时代较晚，且描写多为贵族人家，基本走的是清茶一脉路子，符合我们今人的审美。《金瓶梅》的饮食风尚描写，反映的是社会中下层百姓生活，可视为当时社会主流阶层饮食情况，其中的饮茶文化反映的是给茶加佐料的历史真相，这至少是可作为明代中后期北方平民家庭的饮茶参考的。小说里出现各种加料之茶的描写，不下三十例，稍特别的有"土豆泡茶""熏豆子茶"等，虽也很怪异，但恐怕都比不上以下这一盏茶让我们"触目惊心"：

春梅拿净瓯儿，妇人从新用纤手抹盏边水渍，点了一盏浓浓艳艳芝麻盐笋栗系瓜仁核桃仁夹春不老海青拿天鹅木樨玫瑰泼卤六安雀舌芽茶。

单就此茶名字而言，足有 32 字之多。如此罗列，简直像开杂货铺，不知该说作者是炫耀还是笃实了。而且，除常见的核桃瓜仁之外，还有比干果更奇怪之物混入，如"春不老"是腌过的咸菜，"玫瑰泼卤"是玫瑰入蜜糖所制的卤水，至于"海青拿天鹅"——本指一部琵琶名曲，放到茶里，恐怕只有天晓得是何物了。

最后，顺带一说国外的两种主要茶点：一为西式下午茶，名之"blend"的拼搭方式，茶则多为锡兰、伯爵、大吉岭等红茶，调味则为方糖、牛奶等，所配小食多为三明治、松饼、蛋糕等甜点。二为日式茶点，代表者为"抹茶"配"和菓子"，甚至形成日本之国粹"抹茶道"，但实际上两者都由中国传入，与唐宋时的茶食文化渊源更深——抹茶就是碾成粉末的碎茶，和菓子则是各类制作精巧的糕点小食。近年来日式"和风"劲吹，和菓子这类可爱纤巧的食物，更是俘获大批年轻人的心。吾国之传统茶点，大可以花点心思在外观上努力改良。

（三）茶俗：婚嫁与游戏

茶在中国历史很悠久，在发展过程中，逐渐形成了一些以茶为中心或代表物的礼俗。如倒茶叩桌之俗：别人为自己倒茶时，以手指叩桌，表示回礼。据传这个礼节源自乾隆，其微服私访，为随行太监倒茶，太监惶恐之余不好露迹，遂以双指叩桌，拟为屈膝跪拜之态。不过，乾隆下江南虽常有出格之举，使得后世附会各类故事给他，但想来尚不至于做为太监倒茶的事。此俗今天还行之于社会交际中——至少在两广地区仍如此。从实际考量，这样做也有其可取处：别人为自己服务，只需动动手指即可表谢，既不烦琐，亦不失礼，更不影响与人交谈。

另一项重要的茶俗体现在婚姻中。古人将婚姻礼俗中重要的下聘礼这个环节称为"下茶"。古人认为，茶叶树是不能用移植幼苗的方法来栽培的，一定得用茶树的籽实下种才能种植。这一点，对于极为重要的婚姻有着美好的象征意义：不能移植意味着婚姻牢固不可移易；而籽实下种则意味着"子生——生子"。明人许次纾《茶疏·考本》对此说得很清楚："茶不移本，植必子生。古人结婚，必以茶为礼，取其不移植子之意也。今人犹名其礼曰下茶。"明人郎瑛笔记小说《七修类稿》也说："种茶下子，不可移植，移植则不复生也。故女子受聘谓之吃茶。又聘以茶为礼者，见其从一之义。"正是这个意思。

"下茶"所送的聘礼中，一般确实包括茶叶在内。《清稗类钞·婚姻类》："行聘曰下茶，羊酒之外，有高桌，铺红毡，以盘置茶果、绸缎、布匹陈其上，多者至数十桌。"清人福格笔记《听雨丛谈》也说："今婚礼行聘，以茶叶为币，满汉之俗皆然，且非正室不用。近日八旗纳聘，虽不用茶，而必曰'下茶'，存其名也。"不光汉族如此，少数民族也都用这个礼节。

"下茶"礼俗，在明清小说中多有描写。如《红楼梦》第二十五回，凤姐送了些暹罗茶给黛玉，与她开起玩笑说："你既吃了我们家的茶，怎么还不给我们家作媳妇？"自然就把黛玉臊到耳根子发红。《金瓶梅》第九十一回，李衙内欲娶孟玉楼，"衙内道：'既然好，已是见过，不必再相。命阴阳择吉日良时，行茶礼过去就是了。'……四月初八日，县中备办十六盘羹果茶饼，一副金丝冠儿、一副金头面、一条玛瑙带、一副玎珰七事、金镯银钏之类、两件大红宫锦袍儿、四套妆花衣服、三十两礼钱，其余布绢、棉花，共约二十余抬。两个媒人跟随，廊吏何不违押担，到西门庆家下了茶"。虽说是茶礼，但实际内容可比茶丰富得多。

冯梦龙小说《醒世恒言》里有一则故事《陈多寿生死夫妻》，

讲两户世交人家，给孩子定了娃娃亲，后来到了婚嫁时节，原本
俏傥的男主角陈多寿却患起癞病，"粉孩儿变作虾蟆相，少年郎
活像老头"。陈家不想为难女方家，求退聘，然而姑娘却说"从
没见好人家女子吃两家茶"，坚决成婚。故事末尾，自然是皆大
欢喜的逆转——公子为不拖累姑娘服毒自尽，反倒以毒攻毒，除
了癞病。类似故事，古人记载着实不少。宋代笔记《梦溪笔谈》
里也讲到，读书人刘廷式与邻家女有婚约，后登科中第，女病而
目盲，士子仍坚持娶之。后来这事到了清代，又改造成"状元配
瞽"的杂剧，因士子娶盲女，积了阴德得中状元，仍是不离因果
报应的模式。当然，不管好女子或好男子，能彰显不离不弃，
"不吃两家茶"，自然都是美德，值得我们钦佩。

日·石崎融恩绘《清俗纪闻》卷八"授茶"

古时的茶俗，还包括喝茶的助兴活动。谈到古人的聚会助兴游戏，实在是比我们想象的丰富得多，从前面所谈酒席行令已可见一端。相对而言，饮茶与饮酒一般，虽不分贵贱，但大抵天性上带有些高雅脾性。在啜茗清谈的士大夫阶层看来，也很需要玩点花样，从而与只顾牛饮解渴的平头百姓相区别，于是很自然生出各种茶游戏。譬如两晋间的清流士人，都很会摆出姿态，衣食住行上别有一番讲究，再加上政局形势令人糟心，大家只好共同饮酒忘忧，食丹铅，再袒胸露乳发散出来，就如同鲁迅的《魏晋风度及文章与药及酒之关系》所讲那样，造就历史一段佳话。奈何当时饮茶行为还比较小众，如果一开始古人选的是茶而非酒，恐怕魏晋风流的程度想来会减一分。

就古人赏玩茗茶的游戏看，大概可分"干""湿"两种方式。所谓"干"式，是直接欣赏未经烹煎的茶，可以想见如此玩法需饮茶者本身对茶有相当了解，否则欣赏之余，讲不出个所以然来，互动场面难免尴尬。名之曰"干"，看来也确是操作困难，容易冷场干巴巴。

宋·刘松年绘《撵茶图》

更有兴味者还是"湿"法，以分茶为代表。分茶起源于唐宋间，亦称"点茶"。其操作是将茶饼碾成末，倒入盏中，以沸水缓慢浇注，同时用名为"茶筅（xiǎn）"的竹制茶具搅动，令茶水混融，浮泛形成各种样式的茶沫汤花。宋徽宗曾在《大观茶论》里详加描述，至于效果，说是"透彻如酵蘖之起面，疏星皎月灿然而生"，颇有诗情画意。宋人陶谷《荈茗录》里说，有人能使茶之汤纹水脉变幻物像，如禽兽虫鱼花草等，纤巧如画，但须臾即散，称之"茶百戏"。"百戏"者，本指杂耍、舞蹈、说唱等各类演艺，由此看来，分茶活动的乐趣，不下于欣赏戏曲演出。更奇异者，该书还记载一则"生成盏"故事，简直有"状诸葛之多智而近妖"的观感了：

沙门福全生于金乡，长于茶海，能注汤幻茶成一句诗，并点四瓯，共一绝句，泛乎汤表。

和尚不能喝酒，因而醉心研究茶艺，尚不稀奇，可这位僧侣能够将四言绝句点到茶里，也不知究竟是茶碗口比较大还是有别的法门。

不过，分茶技艺之盛行，与唐宋时的茶饼与团茶大有关系，所以虽然流程繁复，但悠闲的文人乐此不疲。明代起讫，茶的制作工序改进，直到现在，基本都是直接制作成散茶拿沸水冲泡即可，极大省去喝茶的麻烦手续，且味道与"原版"比也不差。今时，分茶之法虽存，甚至雅称"水丹青"，但比之宋代文人的赏玩游戏，更加显得阳春白雪了。相形之下，倒是日本人很早以前就将这项发明带回，而以东瀛国循例茶道之礼节全备，试想席间行点茶的场景，于繁文缛节之下欣赏须臾即灭的茶沫，也难怪彼国枭雄织田信长要生出"人生五十年，如梦幻泡影"这样的瞬间与永恒之喟叹，或许正是从点茶游戏中悟出的体验呢。

宋·刘松年绘《斗茶图》

　　至于斗茶，实则也有点儿从点茶演变而来的意思，但比之又更进一步。陆游名句说"晴窗细乳戏分茶"，这大概是大诗人自娱自乐，没有可以炫耀的对象。如要"斗"，当然至少需两方对垒方可。至于斗茶方式，有的是做足全套，从研磨到点茶到品饮，整个品茗流程中的每一步骤，皆可拿来比拼。宋传奇小说《梅妃传》里，唐玄宗宠爱梅妃江采萍，就夸她"此梅精也，吹白玉笛，作《惊鸿舞》，一座光辉。斗茶今又胜我矣"。足可见当时的斗茶是一项风雅备至的娱乐。时至今日，斗茶比赛在不少地方仍颇流行，也就不必过多介绍了。

另外，台湾有一茶名"东方美人"，又名"椪（彭）风茶"，入口有独特果蜜香味，据说当年英国茶商以之献维多利亚女王，女王观茶叶在沸水中跳动，恍若中国仕女曼舞，再加上饮味绝佳，因此赐名"东方美人"。想象此茶冲泡过程，似与古人点茶所云美免奇景约略类同。稍需一提，椪风茶之口感由来，盖出于其生长过程特别，要经受名为"茶小绿叶蝉"的昆虫噬咬，令茶树起防御机制，释放特殊香味物质，最终制成。由此看椪风茶之培植，实在与咖啡界大名鼎鼎之"猫屎咖啡"有异曲同工的意外之妙——而茶与咖啡之地位争斗，则是世界饮料史的另一个故事了。

（四）茶事：小说内外

说完有关茶的一点风俗，我们来略谈受着这风气影响，所产生的一些茶人茶事。

茶无分贵贱，这话固然不错，但毋宁说不同阶层之人饮茶各有其法。家境富有者，在饮茶上能做足架势，可供选择的余地也更大，这自然不用说；贫寒些的，也能自得其乐，简简单单才是真。譬如蒲松龄，穷酒鬼一个，据说为写《聊斋志异》找素材，就在陋室门前摆好小板凳，给驻足休息的行人奉上大碗茶和"淡巴菰"——茶与烟，代价是换取行人的故事让自己记录下来，由此才成就伟大的小说。甚至有的时候，在茶的调解之下，贫富之间的差距是可以消弭的。清末民初有部笔记体小说《绮情楼杂记》，笔法是模仿《世说新语》的，志人志事，其中有个"茶丐"与富商交往的故事，读之颇令人动容：

　　昔福建有一富翁，好茶甚。一日有丐者至，倚门睨翁，曰："闻君家茶甚精，能见赐一杯否？"翁哂之曰："汝亦解此乎？"丐曰："我与之。"丐饮竟，曰："茶固佳矣，惜未臻醇厚，盖缘壶新之故。我有一壶，昔所常用，至今每出必携，虽馁冻未舍。"富翁索观之，壶果精绝，铜色黝然，启盖，则香味清冽。富翁爱之，假以煎茶，味果清醇，迥异寻常，因欲购取。丐曰："吾不能全售与汝。此壶实值三千金，今当售半与君，用以安顿妻孥，即可时至君斋，与君啜茗清谈，共享此壶，如何？"富翁欣然许诺，以一千五百金与丐，丐取金归。后每日到富翁家，烹茶对坐，若故交焉。

　　富豪爱茶，却不解饮；乞丐虽贫，亦不因此自贱身份，两人反而如同好者般交流。奇妙的是，乞丐还取自己所珍藏茶壶供两人共同品茗，富豪欲以三千两银子买茶壶，乞丐竟不受，但双方却达成协议——乞丐半价出售茶壶使用权给富人，每天至富人家与之啜茗清谈。一边是乞丐爱壶至冻馁未舍，另一边是富豪不强人所难而以故交待之，无不充满人情味。一壶茶，串联起两个身份阶层完全不同的嗜茶人，足可证茶之魅力，可打破世俗隔阂！

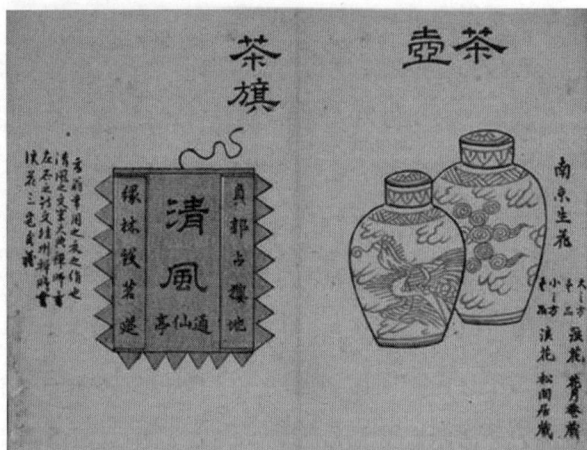

日·木村孔阳氏绘《卖茶翁茶器图》"茶壶"与"茶旗"

古人爱茶，不乏如痴如狂者，因此生出更古怪的故事。唐代笔记小说《封氏闻见记》说到当时人嗜茶之极：

有人因病，能饮茗一斛（hú）二斗。有客欢饮，过五升，遂吐一物，形如牛肺。置柈（pán，通"盘"）中，以茗浇之，一斛二斗。客云此名"茗瘕"。

　　这位患了"嗜茶症"的仁兄，平日饮茶量为十二斗，某日待客饮五升，就把肚里养的"茗瘕"——嗜爱茶水的寄生虫给吐了出来。《聊斋志异》里有篇"酒虫"与之类似，看来不管喜好茶还是喜好酒都是很正常的，所以被人杜撰出这类故事，至于虫子，肯定是当不得真了。

　　不过，唐代尚属中国茶文化之初兴期，像"茗瘕"这样的茶事记载，虽荒诞不经，但毕竟是当神异故事来写的。往后到了宋代，乃是茶文化的大发展阶段，涌现出的真人真事就多起来。譬如被《元史》评为"诸事皆能，独不能为君耳"的宋徽宗赵佶，贵为天子，皇帝业务做得很糟糕，倒是在各种艺术领域旁逸斜出，创造了瘦金体书法不说，还精通工笔画，能制瓷器，写了研究茶的《大观茶论》，真叫人惋惜这位皇帝投错了胎。类似的还有同一时期的蔡襄蔡君谟，作为《水浒传》里大奸臣蔡京的堂兄，人品却不赖，同样精于书法和茶艺，书法上贵为"苏黄米蔡"的"宋四家"之一，他在茶艺上神乎其技，著有《茶录》，有关他喝茶造诣之高的传说也多。笔记小说《墨客挥犀》里记了关于他的两则故事，一则是说当时福建建安出产好茶，当地能仁院的和尚送了一份名茶"石嵓（yán）白"给蔡襄，然后也悄悄送了一份给另一位朝中大臣王禹玉。过了一年，蔡襄拜会王禹玉，王禹玉待以好茶，蔡禹襄玉捧起茶还未送到嘴边，就说，此茶特别像能仁院之石嵓白，您是从何得来？王禹玉不信，找来茶贴验证，果然不差。另一个故事则说，有个名叫蔡叶丞的人，把蔡襄请到家里喝小龙团茶。坐不多久，又一客至，蔡叶丞只好分头招待两边客人。不久，茶上来了，蔡襄饮茶完毕后说，茶中不仅有小龙团，一定还兼有大龙团掺入。主人唤来侍童询问，答曰：原本研碾了主客两人之茶，因后来客到，制新茶赶不及，所以就把大龙团掺进去了。碰到这样的品茶神人，大家也只有五体投地的份了。

元明两代，也是宋代之后继起的喝茶高峰期。前面提到过的大画家倪瓒，极为注重饮食，同时也有洁癖，《云林遗事》里有一则故事说他在饮茶上的偏执：

（倪瓒）尝使童子入山，担七宝泉。以前桶煎茶，后桶濯足。人不解其意，或问之，曰："前者无触，故用煎茶；后者或为泄气所秽，故以为濯足之用。"

倪瓒要喝茶，命仆童去山上担水，却只取前桶。别人问起缘故，答曰：前桶水干净，后桶恐怕下人放屁污染过，只能拿来洗脚。倪元镇洁癖若此，大概未曾考虑过仆人也许会打喷嚏。然而，名人待遇毕竟特殊，倪瓒虽怪僻，但架不住画艺高妙，可以堂而皇之耍性子。不过，后来估计也因此犯错，据说是架子太大而触到朱元璋的逆鳞，被下令捆在粪桶上受辱，也算是对这个天字第一号爱卫生名人的折磨了。似乎古往今来，杰出的文艺创作者，总要有一点脾性，仿佛天才的降生，必要伴随古怪的性格，

所以《陶庵梦忆》里说："人无癖不可与交，以其无深情也；人
无疵不可与交，以其无真气也。"而说出这句话的明末贵公子张
岱，自己曾和一高龄茶人闵汶水仔细切磋过茶艺，这段故事被记
到他的《闵老子茶》里。

参考文献

[1]《历代史料笔记丛刊》，北京：中华书局 1959 年起陆续出版。

[2]《二十五史》，北京：中华书局 1974 年版。

[3]《笔记小说大观》，扬州：广陵古籍刻印社 1983 年版。

[4]《中国烹饪古籍丛刊》，北京：中国商业出版社 1984 年起陆续出版。

[5]《影印文渊阁四库全书》，北京：商务印书馆 1986 年版。

[6]《古本小说集成》，上海：上海古籍出版社 1994 年版。

[7]《续修四库全书》，上海：上海古籍出版社 1996 年版。

[8]（汉）刘熙：《释名疏证补》，北京：中华书局 2008 年版。

[9]（宋）刘义庆编：《世说新语》，北京：中华书局 2007 年版。

[10]（宋）李昉等编著：《太平广记》，北京：中华书局 1961 年版。

[11]（明）王圻、王思羲编：《三才图会》（全三册），上

海：上海古籍出版社 1988 年版。

[12]（明）吴承恩著，李卓吾辑校：《李卓吾先生批点西游记》，天津：天津古籍出版社 2006 年版。

[13]（明）谢肇淛：《五杂俎》，上海：上海书店出版社 2001 年版。

[14]（明）兰陵笑笑生著，刘辉、吴敢辑校：《会评会校金瓶梅》（全五册），香港：天地图书有限公司 1998 年版。

[15]（清）彭定求等校点：《全唐诗》，北京：中华书局 1960 年版。

[16]（清）蒲松龄撰，张友鹤辑校：《聊斋志异》（会校会注会评本），上海：上海古籍出版社 1978 年版。

[17]（清）徐珂：《清稗类钞》，北京：中华书局 1984 年版。

[18] 汪辟疆校录：《唐人小说》，上海：上海古籍出版社 1978 年版。

[19] 丁传靖辑：《宋人轶事汇编》（全三册），北京：中华书局 1981 年版。

[20] 申士垚、傅美琳编著：《中国风俗大辞典》，北京：中国和平出版社 1991 年版。

[21] 刘初棠：《中国古代酒令》，上海：上海人民出版社 1993 年版。

[22] 黎虎主编：《汉唐饮食文化史》，北京：北京师范大学出版社 1998 年版。

［23］赵荣光：《中国古代庶民饮食生活》，北京：商务印书馆国际有限公司1997年版。

［24］黎莹、冯法德、贾存周主编：《中国文化杂说（九）：茶酒文化卷》，北京：北京燕山出版社1997年版。

［25］徐海荣主编：《中国饮食史》（全八册），北京：华夏出版社1999年版。

［26］陈诏：《中国馔食文化》，上海：上海古籍出版社2001年版。

［27］袁闾琨、薛洪勣主编：《唐宋传奇总集·唐五代》（上下册），郑州：河南人民出版社2001年版。

［28］秦一民：《红楼梦饮食谱》，济南：山东画报出版社2003年版。

［29］邓云乡：《云乡话食》，石家庄：河北教育出版社2004年版。

［30］孙逊主编：《红楼梦鉴赏辞典》，上海：汉语大词典出版社2005年版。

［31］梁实秋：《雅舍谈吃》，济南：山东画报出版社2005年版。

［32］王仁湘：《往古的滋味：中国饮食的历史与文化》，济南：山东画报出版社2006年版。

［33］黄金贵主编：《解物释名》，上海：上海辞书出版社2008年版。

［34］杨东甫主编：《中国古代茶学全书》，桂林：广西师范大学出版社 2011 年版。

［35］姚伟钧、刘朴兵、鞠明库：《中国饮食典籍史》，上海：上海古籍出版社 2011 年版。

［36］瞿明安、秦莹：《中国饮食娱乐史》，上海：上海古籍出版社 2011 年版。

［37］郑培凯：《茶余酒后金瓶梅》，上海：上海书店出版社 2013 年版。

［38］王学泰：《华夏饮食文化》，北京：商务印书馆 2013 年版。

［39］李时人编校，何满子审定，詹绪左覆校：《全唐五代小说》（全八册），北京：中华书局 2014 年版。

后　记

　　若按严格界定算来，呈现在读者面前的这本小书，是笔者从几年前介入学术著作撰写且产出了一些成果后，第一次完全由自己掌控的个人"专著"。从这点来说，书虽"小"，于我意义却大。

　　这几年间，自己于学术之路上虽一直在努力奋进，于人生之路上却偶有飘零之感，亦唯愿尽人事，听天命，但求一问心无愧的结果而已。不管是做何种学术科研的学人们，都明白学术之路有舛苦，然既择之，已必奔逐。所以，在撰写这部文风闲散的小书过程中，因由所谈论的小说饮食主题而参阅的各类资料，倒使得自己在心态上有另一形态的放松，这不啻是给自己学术生涯的一味调剂，也算是写作过程中的一份意外收获。

　　值得指出的是，正如我在本书引言中所调侃，要进行饮食文化方面的写作，非是上了岁数的老饕，否则恐怕缺乏令人信服的经验之谈，这对于年资尚浅的我来说，似乎是有点自掌嘴巴。好在，本书的侧重点不是需要走遍天下品尝后才可落笔成文的美食，而是偏于古代小说的饮食杂谈。投身故纸堆，一方书桌、电脑网络，再加上一些过往的个人体验，拉杂写来，希望能得到读者们的认可，哪怕一点就好。

此外，我要郑重感谢本套丛书主编程国赋教授数年来对弟子的谆谆教诲；感谢同门江曙博士在作者与出版社之间的居中协调；感谢暨南大学出版社能给予我这个机会，且又允许我在小书的写作风格上任性了一回。

最后，自己仍想矫情地补充一句话：敝帚自珍，文责自负。如因书中有任何不妥之处而罪我、怪我，我亦诚心接受，绝不推诿。毕竟，写作本身既是一种发生，也是一种成长。

杨　骥

2018 年 5 月 18 日于羊城寓所